워스티드

워스티드

보드랍고 따뜻한 손뜨개 니트웨어

에메 질 엮음 · 이순선 옮김

징검다리책

기획 편집
에메 질

패턴 디자인
나디아 크레탱레셴, 막심 시르, 노라 고건, 세샤 그린, 티엔키에우 람, 낸시 마천트, 앤드리아 모리, 티프 닐런,
실비아 와츠체리, 스티븐 웨스트

사진
욘나 히에탈라 & 시니 크라메르

편집디자인
페이비 헤이키외

스타일리스트
안나 코모넨

메이크업 & 헤어
미카 켐파이넨

모델
일레나 & 나탈리아 / 애즈 유 아 에이전시

촬영 장소
프란칠라 허브 팜

의상 협찬
Aarre, Marimekko, Pura Finland, R Collection, Sokos, Stockmann, Unisa, Vamsko

레이블리Ravelry, 라비앵 에메labienaimee.com, 레인 매거진lainemagazine.com에서 더 많은 사진을 볼 수 있습니다.

차례

에메는 스톤 색상으로 뜬 세샤 그린의 '사라야 숄'을 두르고 있습니다.
뜨는 방법은 108쪽에서 볼 수 있습니다.

니터들에게 보내는 편지

제가 블로그를 시작한 것은 2000년입니다. 당시에는 미국에 살았습니다(저는 캔자스에서 태어나고 자랐습니다). 일하면서 끊임없이 블로그를 읽었습니다. 전 세계의 많은 사람과 연결할 수 있다는 것은 하나의 계시였습니다. 저는 프랑스로 이사해서도 블로그를 계속했고, 새로운 블로그를 시작했습니다. 그것은 친구나 가족과 연락을 유지하는 방법이었죠.

저는 파리에서 외국인으로 지내는 것에 대한 블로그를 쓰기 시작했습니다. 일자리를 찾는 중이어서, 취업 면접을 보는 사이에 파리 전체를 둘러볼 수 있었습니다. 제가 사는 아파트 바로 옆에 서고 샹젤리제까지 열세 구를 가로질러 가는 83번 버스를 타는 게 정말 좋았어요. 어느 날에는 '세브르바빌론'이라는 근사한 이름을 보고 정류장에서 내려, 주변 지역을 탐험했습니다. 그때 파리에서 가장 아름다운 백화점 중 하나인 '봉 마르셰'를 발견했습니다. 옷이나 액세서리를 쇼핑할 여유는 없었습니다. 하지만 가장 꼭대기 층에 실을 파는 매장이 있었습니다! 선반은 처음 보는 실로 가득했습니다. 로완Rowan, 데비 블리스Debbie Bliss, 베르제르 드 프랑스Bergère de France, 필다르Phildar, 애니 블랫Anny Blatt 그리고 부통도르Bouton d'Or. 노로Noro 실을 직접 본 것은 그때가 처음이었습니다. 저는 남편에게 모자를 만들어주려고 실크가든Silk Garden을 한 타래 샀습니다.

그날, 뜨개질에 대한 관심이 되살아났습니다. 모자를 다 뜨고 나서는 인터넷에서 더 많은 정보를 찾고 뜨개질 블로그를 찾았습니다. 덕분에 뜨개질에 대한 생각이 바뀌었습니다. 놀라운 점은 이 모든 재능 있는 사람들이 개별 프로젝트에 대해 블로그에 글을 쓰면서 완벽한 핏을 얻기 위해 수정한 부분까지 알려주었다는 것입니다. 이 시기는 레이블리 사이트가 생기기 이전입니다! 저는 가장 좋아하는 블로거들을 보며 최근에 새로 나온, 그리고 가장 인기 있는 뜨개질 책과 잡지에 대해서 알게 되었습니다. 그들은 미국, 아시아, 유럽… 세계 곳곳에 있었습니다. 그들은 함께 뜨기Knit-Along를 주최했고, 제가 참여한 가장 유명한 함께뜨기는 팸 앨런Pam Allen이 엮은 책《스카프 스타일Scarf Style》이었습니다. 저는 우리 세대의 많은 니터가 이 책을 기억할 거라고 확신합니다. 아마 여러분 중에도 그 함께뜨기에 참여했던 분이 있지 않을까요? 참여하는 방법은 간단합니다. 그 책에서 어떤 프로젝트든 골라서 뜨기만 하면 됩니다. 제가 고른 프로젝트는 테바 더럼Teva Durham의 터틀넥 시러그Turtleneck Shrug였습니다.

봉 마르셰에서 판매원에게 그 책을 보여줬던 기억이 납니다. 그녀에게 실을 찾는 것을 도와줄 수 있는지, 그리고 선반에서 몇 개 브랜드의 같은 굵기 실을 꺼내서 보여줄 수 있는지 물었습니다.

판매원은 실을 대체해도 괜찮다고, 서로 다른 실을 섞어서 아름다운 것을 만들 수 있다고 말하며 저를 안심시켰습니다. 처음 듣는 얘기였습니다! 다른 니터를 직접 만나 실에 관해 의논한 것

사진 속 티프 닐런의 '스트래티파이드 스웨터'는 아부안, 쿼츠 퓌메, 캐러멜, 던, 키츠네 색상을 사용해서 떴습니다. 뜨는 방법은 94쪽에서 볼 수 있습니다.

은 처음이었습니다. 말할 필요도 없이, 우리는 정말 신이 났습니다. 그녀는 심지어 자기도 그 책을 사고 싶다고 제목까지 메모했습니다.

그 패턴으로 처음 접한 게 정말 많았어요. 원통뜨기와 단 중간에서 코막음하는 방법을 배웠습니다. 고무뜨기는 처음이었고, 제가 모든 코를 꼬아 뜬 것을 발견했습니다! 소매가 시계방향으로 꼬여서 감초젤리처럼 보이더라고요. 제 블로그의 독자 중 한 명이 친절하게 댓글을 남기기 전까지 그런 모양이 되면 안 된다는 걸 몰랐습니다. 저는 그 책에 실린 모든 패턴을 떴습니다. 그 후 구입한 책도 모든 패턴을 떴습니다.

20년 후, 저의 뜨개질 습관은 크게 바뀌었습니다. 레이블리와 다른 온라인 출판물들은 온라인에서 패턴을 구매하는 것을 더 쉽게 해주었지요. 그렇게, 제 뜨개질 책 수집이 멈췄습니다.

저는 뜨개질 카페 루아시베테L'Oisiveth́e를 운영하다가 2020년 3월에 문을 닫았습니다. 실의 재고를 저의 다른 실 가게, 라비앵 에메La Bien Aiḿee로 옮겨야 했습니다. 또한 그때가 카페에 비치한 뜨개 책 컬렉션을 정리할 기회이기도 했지요. 저는 그 이후로 패턴들을 기억하고 여백에 쓴 노트를 보면서 책을 보는 데 많은 시간을 보냈습니다. 정말 좋은 추억이 많이 떠올랐어요. 새로운 패턴 모음집을 뒤적여보던 설렘이 떠올랐습니다. 바로 그때 이 뜨개 책 아이디어가 나왔습니다. 저는 보기만 해도 아름다운 패턴 책을 만들고 싶었습니다. 제가 큐레이팅한 대로 스웨터나 숄을 뜨고 싶은 마음이 샘솟을 만한 책을 만들고 싶었어요.

앞서나가기 전에, 팬데믹 기간에 저의 창조적인 에너지를 새로운 프로젝트에 집중해야 했다고 말씀드리고 싶습니다. 온라인에서 자주 언급했듯이, 제 뜨개질 모조, 그러니까 제게 뜨개질이 지닌 마력은 전염병이 발생했을 때 사라졌었습니다. 하지만 실을 만들고 그 결과물로 뜨개질하는 장기 프로젝트가 프랑스에서 처음 몇 번 자가격리하며 정착하는 데 도움을 주었습니다. 라비앵 에메의 '코리워스티드Corrie Worsted' 실은 그렇게 탄생했습니다.

사람들은 종종 제게 가장 좋아하는 실이 무엇인지 묻습니다. 저는 천연 논슈퍼워시 헤더 울을 좋아합니다.

그리고 다음 질문은 항상 무엇을 뜨는 걸 가장 좋아하는지입니다. 대답은 바로 스웨터입니다. 제 몸에 맞게 뜨개질하는 도전을 즐깁니다—지난 20년 동안 제 몸은 변해왔습니다! 새 스웨터의 스와치를 뜨는 것은 새로운 친구를 알아가는 것과 같습니다. 먼저 원하는 게이지를 얻기 위해 바늘 호수를 알아내야 합니다. 저는 항상 고객들에게 게이지가 개인적인 것이며 스웨터를 뜨는 과정에서 매우 중요한 부분이라고 말합니다. 손뜨개 스웨터 입는 것을 좋아하기 때문에, 저는 완벽한 스웨터용 실을 디자인하기 시작했습니다. 너무 가늘지 않아 뜨는 데 시간이 오래 걸리지 않고, 너무 두껍지 않아 입기에 덥지 않은 그런 실을요. 코리워스티드 실은 굵기 분류상 라이트워스티드로, DK와 워스티드 게이지 둘 다에 적용할 수 있습니다.[*]

워스티드, 즉 소모사梳毛絲를 방적했기 때문에, 실제로 코리데일 양모섬유 느낌을 얻을 수 있

---

[*] 실 굵기를 표기할 때 가닥 즉 합수ply 혹은 1인치 안에 돌려 감은 횟수 wpi(wrap per inch)를 기준으로 삼는다. DK(더블니트)는 8합-11wpi, 워스티드는 10합-9wpi이며, 라이트워스티드는 그 중간인 9합에 해당한다.

습니다. 그리고 저는 헤더사Heathered yarn*를 뜨개질하고 염색하는 것을 좋아하는 터라, 완벽한 회색을 만들기 위해 혼합사에 고틀란드 양모를 첨가하는 아이디어를 떠올렸습니다. 이것은 우리가 모든 색을 염색하는 베이스이며, 프렌치그레이라고 불립니다. 그래서 우리가 염색한 코리워스티드 실 색상 팔레트 전체가 응집력 있게 보이고 컬렉션 내에서 색상을 쉽게 혼합하고 매치할 수 있습니다.

단순함을 위해, 이 책의 모든 디자인은 라비앙 에메의 코리워스티드를 사용해서 작업했습니다. 여러분이 모은 사랑스러운 실들로 이 책의 새로운 프로젝트를 시작하는 모험에 기꺼이 나서기를 바랍니다. 혹은 모아둔 실에서 탈출해 코리워스티드를 다른 실들과 섞는 것은 어떨까요?

저는 재능 있는 디자이너 10명이 창작한 14가지 패턴을 담은 이 책을 큐레이팅하는 큰 기쁨을 누렸습니다. 이 여정에 함께하자고 요청하기 전에 저는 그들 한 사람 한 사람과 일하고 협력했습니다. 그들은 저마다 디자인에 매우 독특한 스타일을 보여주었습니다. 패턴 컬렉션이 얼마나 조화로운지 볼 수 있어서 정말 기쁩니다. 그리고 이 모든 것이 디자이너들이 모르는 사이에 자연스럽게 이루어졌습니다!

이 책으로 저는 뜨개질을 통해 사람들과 연결할 수 있는 실질적인 방법을 만들고 싶었습니다. 팬데믹 때문에 우리가 멀어지고 고립된 이 순간, 이 책을 만드는 작업이 제가 시간을 견디게 해주었습니다. 이 책을 보고 패턴들을 뜨개질하는 것이 여러분에게 즐거움을 가져다주고, 특별한 순간으로 기억되기를 바랍니다.

이것은 제가 큐레이팅한 첫 번째 패턴 컬렉션입니다. 앞으로 더 많은 재능 있는 디자이너들과 협업할 수 있기를 기대합니다.

해피 니팅!
—에메

추신 : 스와치 뜨는 것을 잊지 마세요! 여러분의 프로젝트를 보고 싶으니 SNS에 #labienaimee 로 태그해주세요.

← 스티븐 웨스트의 '니트프로비제이션 숄'의 에메 버전은 플루오로 모르가니트 (C1), 아부안(C2), 본(C3), 캐러멜(C4), 던(C5) 색상을 사용했습니다. 뜨는 방법은 50쪽에서 볼 수 있습니다.

---

* 천연섬유나 합성섬유 또는 이 두 섬유를 혼합해 만든 실. 단색처럼 보이지만 실제로는 두 가지 이상의 색상이 혼합되어 구성되므로 색상과 질감이 풍부하게 느껴진다.

17

에메는 옐로브릭로드(MC), 페인스그레이(CC1), 아부안(CC2), 던
(CC3) 색을 사용해 뜬 나디아 크레탱레셴의 '아즈세나 스웨터'를 입
고 있습니다. 뜨는 방법은 34쪽에서 볼 수 있습니다.

앤드리아 모리의 '앤드리아 카디건'은 본 색상으로 작업했습니다.
뜨는 방법은 80쪽에서 볼 수 있습니다.

디자이너 소개

　이 책을 위해 연락하고 싶은 디자이너들의 목록을 만들었을 때, 저의 의도는 서로 다른 디자인 미학을 가진 사람들을 모으는 것이었습니다. 그들은 모두 매우 독특한 니트웨어 디자이너이고 다양한 부류의 니터들과 이야기를 나눕니다.

　팬데믹이 유행하는 동안, 뜨개질 멘토인 **낸시 마천트**Nancy Marchant와 매주 온라인에서 만나 커피를 마시며 뜨개질과 전반적인 삶에 관해 이야기하는 습관을 들였습니다. 그녀는 우리의 뜨개 생활에 브리오슈뜨기를 다시 가져다주었고, 다양한 색으로 놀라운 작업을 하며 디자인마다 독특한 편물을 만들어내는 천재입니다. 그녀의 '캐널 판초'는 그야말로 깜짝 놀랄 만큼 멋진 인타시어(세로 배색) 케이블을 특징으로 합니다. 이 디자인의 좋은 점은 서로 대비되는 보색으로 떠도 되고, 원한다면 모든 색상으로 떠도 된다는 것입니다. 그래서 모든 수준의 니터들에게 접근 가능합니다.

　앤드리아 모리 Andrea Mowry에게 연락했을 때, 저는 '윈터스 비치Winter's Beach' 카디건 뜨개질을 막 끝낸 참이었고 그녀가 상상해 구현한 모양에 매료되었습니다. 그녀의 디자인 아이디어에 대해 토론하는 동안, 우리 둘 다 이 카디건이 반드시 우리가 좋아하는 모든 드레스와 완벽하게 어울릴 거라는 데 동의했습니다. 그녀는 모든 체형에 맞는 디자인을 창조하고, 옷장의 필수품이 될 유행을 타지 않는 작품을 만듭니다.

　스티븐 웨스트 Stephen West와는 오랫동안 알고 지내왔습니다. 그를 친구라고 부를 수 있어서 행운입니다. 우리는 둘 다 미국 중서부 출신이고, 유럽에서 외국인이며 니터입니다. 그래서 처음 만났을 때부터 우리는 분명히 잘 맞았어요. 그는 즉흥적인 스티치 무늬의 왕이고 그것이 그의 무늬 뜨기를 매우 매력적이고 재미있게 만들어줍니다. 이 숄의 모양에 대한 영감은 제가 네 번이나 뜨개질한 '판타스티치Fantastitch'에서 왔습니다!

　나디아 크레텡레셴 Nadia Crétin-Léchenne과는 루아시베테를 운영하던 시절부터 함께 일해왔습니다. 우리가 직장에서 쌓아온 오랜 우정이 있으니, 나디아는 분명히 이 이야기의 일부입니다. 그녀의 디자인은 단순해서 계속해서 그것을 찾게 합니다. 그녀의 스웨터는 어떤 옷과도 어울리는 완벽한 베이직입니다. 제가 만든 실로 많은 디자인을 고안해준 그녀에게 영원히 감사합니다.

　세샤 그린 Saysha Greene을 만난 것은 그녀가 '위스퍼링 윌로Whispering Willow'라는 아름다운 브리오슈 숄 디자인을 위해 실을 지원해달라고 요청했을 때였습니다. 저는 그녀와 함께 일하는 모든 과정이 너무 좋았고, 다시 하고 싶었기 때문에 그녀에게 이 책을 위해 숄을 디자인해달라고 부탁

했습니다. 그렇게 해서 '사라야'가 탄생했습니다. 세샤의 숄은 전통적이면서도 로맨틱하며, 이 고급스러운 액세서리를 둘러 어깨를 따뜻하게 감싸고 싶게 만듭니다.

티엔키에우 람Thien-Kieu Lam과는《폼폼PomPom》매거진의 겨울 35호를 편집하던 중 만났습니다. 저는 그녀의 건축적인 뜨개질 스타일에 끌렸습니다. 디자인에 대해 영감을 주는 루스 아사와Ruth Asawa의 아름다운 조각들은 키에우의 스카프를 편물의 양쪽에서 구조적으로 흥미롭게 만듭니다.

막심 시르Maxim Cyr와는 인스타그램을 통해 처음 만났습니다. 저는 일찍이 그와 그의 파트너 빈센트가 소셜미디어에서 만들어내는 미적 감각에 이끌렸습니다. 우리는《폼폼》35호에서도 협력했습니다. 저는 그의 모든 디자인이 성 중립적이라는 점을 좋아합니다. 일러스트레이터인 그는 예술가답게 매우 독특한 방법으로 색을 조합하고, 그 예술적 배경 덕분에 니트웨어 디자인에도 독특한 그래픽 스타일이 가미되었습니다.

티프 닐런Tif Neilan과 함께하면서, 저는 즉시 그녀의 색 감각과 다른 굵기의 실을 섞는 능력에 매료되었습니다. 저는 항상 독창적인 색과 질감을 가진 그녀의 기발한 방법에서 영감을 얻습니다. 그녀의 작품은 자주 입기 좋습니다. 이 책을 위해 디자인한 '스트래티파이드' 스웨터도 그래요. 이 패턴은 니터들이 저마다 독특한 컬러 스토리를 만들 수 있게 하고, 컬러 어드벤처를 떠날 수 있도록 해줄 것입니다.

실비아 와츠체리Sylvia Watts-Cherry의 작품에 무한한 찬사를 보냅니다. 2019년 1월 뉴욕의 보그 니트 라이브에서 그녀를 처음 만났는데, 그녀는 놀라운 '누비안 퀸Nubian Queen' 풀오버를 입고 있었습니다. 그녀는 제가 팬이라는 것을 밝혔을 때 매우 친절했지요. 그후 우리가 친구로 지내게 된 것에 대해 매우 감사합니다. 다른 미학을 가진 디자이너를 찾던 때, 저는 실비아의 작품을 이 책에 싣고 싶었습니다. '아미나' 스웨터 앞면에 있는 아름다운 인타시어 다이아몬드는 다양한 아프리카 직물에 대한 연구에서 영감을 얻었다고 합니다. 저는 그녀가 아프리카의 풍부한 유산을 기리기 위해 니트웨어 디자인을 사용하는 것을 좋아합니다.

25년 동안 뜨개질하면서, 저는 항상 노라 고건Norah Gaughan의 작품을 존경해왔습니다. 이 프로젝트에 참여할 알아보기 위해 그녀에게 연락하는 것이 정말 떨렸고, 그녀가 받아들였을 때 기뻤습니다. 그녀의 디자인은 뜨개질을 예술로 바꾸는 전형적인 예입니다. '퍼레니얼' 스웨터에는 너무 많은 디테일이 있어서 여러분은 그것을 볼 때마다 새로움을 발견하게 될 것입니다. 높낮이가 있는 밑단은 내가 항상 사랑했던 그녀의 '수수Sous-Sous' 스웨터를 생각나게 합니다. 가장 중요한 것은 핏이 완벽하다는 것입니다.

이 놀라운 디자이너들을 모아 아름다운 뜨개 패턴 컬렉션을 만든 것이 자랑스럽습니다. 여러분이 이 컬렉션에서 가장 마음에 드는 것을 찾기를 바랍니다.

에메는 모리아, 샌드스톤, 스톤, 아부안 색을 사용해서 뜬 실비아 와츠
체리의 '아미나 스웨터'를 입고 있습니다. 뜨는 방법은 60쪽에서 볼 수
있습니다.

걸러뜨기Slip
(별도의 설명이 없다면, 겉면에서는 실을 편물 뒤에 두고 겉뜨기하듯이, 안면에서는 실을 편물 앞에 두고 안뜨기하듯이) 걸러뜬다.

꼬아뜨기Knit through back loop
코의 뒷가닥에 겉뜨기한다.

꼬아뜨기(안뜨기)Purl through back loop
코의 뒷가닥에 안뜨기한다.

더블스티치Double stitch
실을 편물 앞에 두고 다음 코를 걸러뜨기한다. 실을 오른손 바늘 위로 감아 편물 뒤로 보내고 걸러뜨기한 코가 2개의 가닥처럼 보일 때까지 당긴다.
다음 단에서 더블스티치를 만나면 하나의 코처럼 뜬다.

메리야스뜨기Stockinette stitch
겉면 단에서 겉뜨기하고, 안면 단에서 안뜨기한다.

바늘비우기Yarn over
바늘 사이의 실을 편물 앞으로 가져와, 오른손 바늘 위로 감고, 다음 코를 뜰 준비를 한다. [1코 늘어남]

오른코줄임Slip, slip, knit
한 번에 1코씩 2코를 겉뜨기하듯이 걸러뜨기하고, 뒷가닥에 넣어 함께 겉뜨기한다. [1코 줄어듦]

오른코줄임(안면) Slip, slip, purl
한 번에 1코씩 2코를 겉뜨기하듯이 걸러뜨기하고, 뒷가닥에 넣어 함께 안뜨기한다. [1코 줄어듦]

왼코줄임Knit 2 stitches together
2코를 함께 겉뜨기한다. [1코 줄어듦]
왼코 위 3코모아뜨기Knit 3 stitches together
3코를 함께 겉뜨기한다. [2코 줄어듦]

kfb 코늘림Knit front back
코 앞가닥에 겉뜨기하고 바늘에서 빼지 않고, 같은 코의 뒷가닥에 겉뜨기하고 바늘에서 빼낸다. [1코 늘어남]

kfbf 코늘림Knit front back front
코 앞가닥에 겉뜨기하고 바늘에서 빼지 않고, 같은 코의 뒷가닥에 겉뜨기하고, 한 번 더 앞가닥에 겉뜨기하고, 바늘에서 빼낸다. [2코 늘어남]

m1l 코늘림Make 1 left
방금 겉뜨기(안뜨기)한 코와 왼손 바늘의 다음 코 사이 가로줄을 왼손 바늘을 사용해 앞에서 뒤로 들어올려 뒷가닥에 겉뜨기(안뜨기)한다. [1코 늘어남]

m1r 코늘림Make 1 right
방금 겉뜨기(안뜨기)한 코와 왼손 바늘의 다음 코 사이 가로줄을 왼손 바늘을 사용해 뒤에서 앞으로 들어올려 앞가닥에 겉뜨기(안뜨기)한다. [1코 늘어남]

pfb 코늘림Purl front back
코 앞가닥에 안뜨기하고 바늘에서 빼지 않고, 같은 코의 뒷가닥에 안뜨기하고 바늘에서 빼낸다. [1코 늘어남]

~
*와 * 사이의 설명을 반복한다.

스페셜 기법 찾아보기

이 책에서 사용한 실 색상

던Dawn	올리브주스Olive Juice
러스트Rust	윈터펠Winterfell
리즈Lise	캐러멜Caramel
모리아Moria	코클리코Coquelicot
벨 로제Belle Rose	콕코Kokko
본Bone	쿼츠 퓌메Quartz Fumé
샌드스톤Sandstone	키츠네Kitsune
스모크Smoke	페인스그레이Payne's Grey
스톤Stone	플루오로 모르가니트Fluoro Morganite
아부안Avoine	하이가든Highgarden
옐로브릭로드Yellow Brick Road	헤겔리아Hegelia

※ 정확한 색상은 라비앵 에메 홈페이지에서 확인할 수 있습니다.

아즈세나

AZUCENA

"아즈세나는 솔기 없이 하나의 편물로 위에서 아래로 내려 뜹니다. 심플한 모양에 선명한 선을 갖고 있어서 배색에 주의가 집중됩니다. 이것이 페어아일 스웨터에서 내가 가장 좋아하는 점입니다. 심플하게 하려면, 페어아일 파트에서 색을 바꿔 뜰 수 있습니다. 그래도 손이 자주 가는 옷이 됩니다. 비결은 균형에 있는데, 모든 것이 잘 균형을 이루면 각각의 색깔이 빛날 수 있습니다. 저는 실 자체에서 영감을 얻는데, 에메의 실을 보는 즉시 어떻게 하면 이 아름다운 실을 더 근사해 보이게 할 수 있을지 생각하기 시작했습니다. 저에게 코리워스티드는 편안함에 대해, 그리고 여러분이 스웨터 한 코 한 코에 쏟은 사랑에 둘러싸인 채 따뜻하고 안전하게 느끼는 것에 대해 이야기합니다."

사이즈
1 (2, 3, 4, 5, 6) (7, 8, 9, 10)
권장 여유분: 8~15cm 플러스 여유분. 사진 속 샘플은 사이즈3, 기본 길이.

완성 치수
가슴둘레: 82 (92, 102, 112, 122, 132) (142, 152, 162, 172)cm
요크길이(넥밴드를 제외하고 뒷목 중심에서 쟀을 때): 19 (20, 21, 22, 23, 24) (26, 27, 28, 29)cm
진동 중심까지 옆선길이:
크롭 버전: 26cm
기본 버전: 34 (34, 34, 36, 36, 38) (40, 42, 44, 44)cm
위팔둘레: 28 (30, 32, 34, 36, 38) (40, 42, 44, 47)cm
손목둘레: 19 (20, 21, 23, 24, 25) (27, 28, 29, 31)cm
소매길이: 47cm

재료
실: 라비앵 에메의 코리워스티드(포클랜드 코리데일 울 75%, 고틀란드 울 25% / 230m – 100g)
바탕실: 아부안 3 (4, 4, 4, 5, 5) (6, 6, 7, 7)타래
배색실1: 올리브주스 1 (1, 1, 1, 1, 1) (1, 1, 1, 1)타래
배색실2: 벨 로제 1 (1, 1, 1, 1, 1) (1, 1, 1, 1)타래
배색실3: 러스트 1 (1, 1, 1, 1, 1) (1, 1, 1, 1)타래
혹은 다음과 같은 분량의 워스티드 굵기 실:
바탕실 660 (750, 830, 910, 1010, 1110) (1210, 1300, 1400, 1500)m
배색실1 75 (80, 85, 90, 100, 110) (120, 130, 140, 150)m
배색실2·배색실3 각각 35 (36, 38, 40, 45, 50) (55, 60, 65, 70)m
바늘: 40cm·80cm 길이의 3.5mm 줄바늘, 40cm·80cm 길이의 4mm 줄바늘
부자재: 단코표시링, 안전핀 혹은 자투리실, 돗바늘

게이지
20코×28단=10×10cm / 4mm 바늘로 메리야스뜨기, 블로킹 후 잰 치수
20코×22단=10×10cm / 4mm 바늘로 배색뜨기, 블로킹 후 잰 치수

아즈세나 스웨터

만드는 법
이 스웨터는 네크라인에서 시작해 하나의 편물로 위에서 아래로 내려 뜬다. 전체에 솔기가 없고, 페어아일 요크가 특징이다. 배색 섹션을 뜬 후 이어지는 경사뜨기는 스웨터의 네크라인 모양을 만들어준다.

네크라인
바탕실과 40㎝ 길이의 3.5㎜ 줄바늘을 사용해서, 느슨하게 100 (104 ,104, 108, 108, 112) (112, 116, 120, 120)코 만든다. 단 시작(뒷중심)에 표시링을 걸고 원통으로 잇는다.

고무뜨기 단: *겉뜨기1, 안뜨기1*, *~*을 단 끝까지 반복한다. 이 1코고무뜨기로 8단 더 뜬다.

40㎝ 길이의 4㎜ 바늘로 바꾼다. 다음 단에서, 자신이 선택한 사이즈에 따라 코늘림한다:
사이즈1만 해당: *겉뜨기7, m1l 코늘림*, *~*을 13회 더 반복, 겉뜨기2.
사이즈2만 해당: *겉뜨기6, m1l 코늘림, 겉뜨기7, m1l 코늘림*, *~*을 7회 더 반복한다.
사이즈3만 해당: *겉뜨기4, m1l 코늘림, 겉뜨기5, m1l 코늘림*, *~*을 10회 더 반복, 겉뜨기5.
사이즈4만 해당: *겉뜨기4, m1l 코늘림, 겉뜨기5, m1l 코늘림*, *~*을 11회 더 반복한다.
사이즈5만 해당: *겉뜨기3, m1l 코늘림*, *~*을 35회 더 반복한다.
사이즈6만 해당: *겉뜨기3, m1l 코늘림*, *~*을 36회 더 반복, 겉뜨기1, m1l 코늘림.
사이즈7만 해당: 겉뜨기5, *겉뜨기2, m1l 코늘림*, *~*을 49회 더 반복, 겉뜨기7.
사이즈8만 해당: *겉뜨기2, m1l 코늘림*, *~*을 57회 더 반복한다.
사이즈9만 해당: *겉뜨기2, m1l 코늘림*, *~*을 59회 더 반복한다.
사이즈10만 해당: 겉뜨기4, *겉뜨기2, m1l 코늘림, 겉뜨기1, m1l 코늘림, 겉뜨기2, m1l 코늘림*, *~*을 21회 더 반복, 겉뜨기6.

모든 사이즈 해당
총 114 (120, 126, 132, 144, 150) (162, 174, 180, 186)코 있다.

요크
이제 배색실을 연결해서, 페어아일 도안대로 뜨기 시작할 것이다(45~46쪽 참고). 바늘에 코가 너무 많아져 감당하기 힘들 때 80㎝ 줄바늘로 바꾼다. 자신이 선택한 사이즈에 해당하는 도안을 사용한다.
사이즈1, 2만 해당: 도안A를 사용한다.
사이즈3, 4, 5, 6만 해당: 도안B를 사용한다.
사이즈7, 8, 9, 10만 해당: 도안C를 사용한다.

모든 사이즈 해당
각 단마다 도안을 19 (20, 21, 22, 24, 25) (27, 29, 30, 31)회 반복한다.

차트의 37 (37, 40, 40, 40, 40) (43, 43, 43, 43)단을 모두 뜨면, 총 266 (280, 294, 308, 336, 350) (378, 406, 420, 434)코 있다.

배색실을 모두 자르고, 바탕실을 사용해서 겉뜨기로 1단 뜬다.

경사뜨기
이제 경사뜨기로 뜰 것이다.

1단(겉면): 겉뜨기98 (101, 104, 108, 116, 119) (129, 137, 140, 143), 편물 뒤집는다, 더블스티치 만든다.
2단(안면): 단코표시링까지 안뜨기, 안뜨기98 (101, 104, 108, 116, 119) (129, 137, 140, 143), 편물 뒤집는다, 더블스티치 만든다.
3단: 단코표시링까지 겉뜨기, 더블스티치를 만날 때까지 겉뜨기, 더블스티치를 겉뜨기, 겉뜨기4, 편물 뒤집는다, 더블스티치 만든다.
4단: 단코표시링까지 안뜨기, 더블스티치를 만날 때까지 안뜨기, 더블스티치를 안뜨기, 안뜨기4, 편물 뒤집는다, 더블스티치 만든다.
3~4단을 2회 더 반복한다.
다음 단(겉면): 단코표시링까지 겉뜨기한다.
다음 단: 더블스티치를 만나면 2가닥을 함께 겉뜨기하며, 단 끝까지 겉뜨기한다.

계속해서 요크가 넥밴드를 제외하고 뒷목 중심에 있는 단코표시링에서 재서 약 19 (20, 21, 22, 23, 24) (26, 27, 28, 29)㎝가 될 때까지 원통뜨기로 메리야스뜨기한다.

소매 분리
이제 스웨터의 몸판과 소매를 분리할 것이다.

다음 단: 겉뜨기40 (43, 46, 50, 55, 58) (63, 68, 71, 74), 다음 53 (54, 54, 54, 58, 59) (63, 67, 68, 69)코를 안전핀에 옮겨 쉼코로 둔다―오른쪽 소매, 2 (6, 9, 12, 12, 16) (16, 16, 20, 24)코 만든다, 겉뜨기80 (86, 93, 100, 110, 116) (126, 136, 142, 148)―앞판, 다음 53 (54, 54, 54, 58, 59) (63, 67, 68, 69)코를 안전핀에 옮겨 쉼코로 둔다―왼쪽 소매, 2 (6, 9, 12, 12, 16) (16, 16, 20, 24)코 만든다, 단코표시링까지 남은 뒤판 코를 겉뜨기한다.

몸판에 총 164 (184, 204, 224, 244, 264) (284, 304, 324, 344)코 있다.

몸판
*크롭 버전*은 진동 중심에서 약 22㎝가 될 때까지 겉뜨기한다.

*기본 버전*은 진동 중심에서 약 30 (30, 30, 32, 32, 34) (36, 38, 40, 40)㎝가 될 때까지 겉뜨기한다.

밑단
3.5㎜ 바늘을 사용해서 1코고무뜨기로 4㎝ 뜬다. 다음 단에서 느슨하게 코막음한다.

소매
안전핀에 쉼코로 두었던 53 (54, 54, 54, 58, 59) (63, 67, 68, 69)코를 4㎜ 바늘로 옮긴다. 몸판 진동 중심에서 만든 코 가운데서 시작해, 1 (3, 4, 6, 6, 8) (8, 8, 10, 12)코 줍는다. 소매 코 전의 구멍에서 1 (0, 0, 1, 1, 1) (1, 1, 0, 1)코 줍는다. 소매 코를 겉뜨기한다. 소매 코 다음의 구멍에서 0 (0, 1, 1, 1, 0) (0, 0, 0, 0)코 줍는다. 남은 진동 코를 따라 1 (3, 5, 6, 6, 8) (8, 8, 10, 12)코 줍는다. 단 시작에 표시링을 걸고 원통으로 잇는다. 이제 소매에 총 56 (60, 64, 68, 72, 76) (80, 84, 88, 94)코 있다.

몸판 편물이 진동 중심에서 재서 약 41㎝가 될 때까지 (혹은 원하는 길이에서 6㎝ 모자랄 때까지) 겉뜨기한다.

다음 단: *겉뜨기1, 왼코줄임*, *~*을 17 (19, 20, 21, 23, 24) (25, 27, 28, 30)회 더 반복, 겉뜨기2 (0, 1, 2, 0, 1) (2, 0, 1, 1). 이제 바늘에 총 38 (40, 43, 46, 48, 51) (54, 56, 59, 63)코 있다.

소맷단
사이즈3, 6, 9, 10만 해당: 고무뜨기 첫 번째 단에서 (왼코줄임으로) 1코 더 코줄임해야 한다.
3.5㎜ 바늘을 사용해서 1코고무뜨기로 6㎝ 뜬다. 다음 단에서 느슨하게 코막음한다.

마무리
실을 정리한다. 가장 선호하는 기법으로 블로킹한다.

사이즈
1 (2, 3, 4, 5, 6) (7, 8, 9, 10)
권장 여유분: 10~17㎝ 플러스 여유분. 사진 속 샘플은 31㎝ 길이의 사이즈5.

완성 치수
가슴둘레(단추를 채우고 입었을 때): 85 (95, 105, 115, 125, 135) (145, 155, 165, 175) ㎝
요크길이(넥밴드를 제외하고 뒷목 중심에서 쟀을 때): 19 (20, 21, 22, 23, 24) (26, 27, 28, 29)㎝
진동 중심까지 옆선길이:
크롭 버전: 26㎝
기본 버전: 34 (34, 34, 36, 36, 38) (40, 42, 44, 44)㎝
위팔둘레: 28 (30, 32, 34, 36, 38) (40, 42, 44, 47)㎝
손목둘레: 19 (20, 21, 23, 24, 25) (27, 28, 29, 31)㎝
소매길이: 47㎝

재료
실: 라비앵 에메의 코리워스티드(포클랜드 코리데일 울 75%, 고틀란드 울 25%, 230m – 100g)
바탕실: 캐러멜 4 (4, 5, 5, 5, 6) (6, 7, 7, 7)타래
배색실1: 샌드스톤 1 (1, 1, 1, 1, 1) (1, 1, 1, 1)타래
배색실2: 아부안 1 (1, 1, 1, 1, 1) (1, 1, 1, 1)타래
배색실3: 던 1 (1, 1, 1, 1, 1) (1, 1, 1, 1)타래
혹은 다음과 같은 분량의 워스티드 굵기 실:
바탕실 760 (850, 930, 1010, 1110, 1210) (1310, 1400, 1500, 1600)m
배색실1 75 (80, 85, 90, 100, 110) (120, 130, 140, 150)m
배색실2·배색실3 각각 35 (36, 38, 40, 45, 50, 55, 60, 65, 70)m
바늘: 40㎝·80㎝ 길이의 3.5㎜ 줄바늘, 40㎝·80㎝ 길이의 4㎜ 줄바늘
부자재: 단코표시링, 안전핀 혹은 자투리실, 돗바늘, 3.5㎜(모사용 6호) 코바늘, 크롭 버전에 달 지름 18㎜ 단추, 기본 버전에는 지름 10㎜ 단추

게이지
20코×28단=10×10㎝ / 4㎜ 바늘로 메리야스뜨기, 블로킹 후 잰 치수
20코×22단=10×10㎝ / 4㎜ 바늘로 배색뜨기, 블로킹 후 잰 치수

아즈세나 카디건

만드는 법
이 카디건은 네크라인에서 시작해서 위에서 아래로 하나의 편물로 뜬다. 전체에 솔기가 없고, 나중에 잘라서 앞단을 만드는 '스틱steek'이 특징이다.

네크라인
바탕실과 40cm 길이의 3.5mm 줄바늘을 사용해서, 느슨하게 108 (112 ,112, 116, 116, 120) (120, 124, 128, 128)코 만든다. 단 시작(이곳이 앞판 중심이다)에 단코표시링1을 걸고 원통으로 잇는다.

고무뜨기 단과 스틱 세팅 단: *겉뜨기1, 안뜨기1*, *~*을 단코표시링 8코 전까지 반복, 겉뜨기1, 단코표시링2 건다, 겉뜨기3, 안뜨기1, 겉뜨기3.
단코표시링 사이의 섹션이 스틱이고, 나중에 자를 것이다. 이 코는 항상 겉뜨기3, 안뜨기1, 겉뜨기3으로 뜬다. 이미 만들어진 무늬대로 8단 더 뜬다.

40cm 길이의 4mm 바늘로 바꾼다. 다음 단에서, 자신이 선택한 사이즈에 따라 코늘림한다:

사이즈1만 해당: *겉뜨기7, m1l 코늘림*, *~*을 13회 더 반복, 겉뜨기3, 단코표시링2 옮긴다, 겉뜨기3, 안뜨기1, 겉뜨기3.
사이즈2만 해당: *겉뜨기6, m1l 코늘림, 겉뜨기7, m1l 코늘림*, *~*을 7회 더 반복, 겉뜨기1, 단코표시링2 옮긴다, 겉뜨기3, 안뜨기1, 겉뜨기3.
사이즈3만 해당: *겉뜨기4, m1l 코늘림, 겉뜨기5, m1l 코늘림*, *~*을 10회 더 반복, 겉뜨기6, 단코표시링2 옮긴다, 겉뜨기3, 안뜨기1, 겉뜨기3.
사이즈4만 해당: *겉뜨기4, m1l 코늘림, 겉뜨기5, m1l 코늘림*, *~*을 11회 더 반복, 겉뜨기1, 단코표시링2 옮긴다, 겉뜨기3, 안뜨기1, 겉뜨기3.
사이즈5만 해당: *겉뜨기3, m1l 코늘림*, *~*을 35회 더 반복, 겉뜨기1, 단코표시링2 옮긴다, 겉뜨기3, 안뜨기1, 겉뜨기3.
사이즈6만 해당: *겉뜨기3, m1l 코늘림*, *~*을 36회 더 반복, 겉뜨기1, m1l 코늘림, 겉뜨기1, 단코표시링2 옮긴다, 겉뜨기3, 안뜨기1, 겉뜨기3.
사이즈7만 해당: 겉뜨기6, *겉뜨기2, m1l 코늘림*, *~*을 49회 더 반복, 겉뜨기7, 단코표시링2 옮긴다, 겉뜨기3, 안뜨기1, 겉뜨기3.
사이즈8만 해당: *겉뜨기2, m1l 코늘림*, *~*을 57회 더 반복, 겉뜨기1, 단코표시링2 옮긴다, 겉뜨기3, 안뜨기1, 겉뜨기3.

사이즈9만 해당: *겉뜨기2, m1l 코늘림*, *~*을 59회 더 반복, 겉뜨기1, 단코표시링2 옮긴다, 겉뜨기3, 안뜨기1, 겉뜨기3.
사이즈10만 해당: 겉뜨기5, *겉뜨기2, m1l 코늘림, 겉뜨기1, m1l 코늘림, 겉뜨기2, m1l 코늘림*, *~*을 21회 더 반복, 겉뜨기6, 단코표시링2 옮긴다, 겉뜨기3, 안뜨기1, 겉뜨기3.

총 122 (128, 134, 140, 152, 158) (170, 182, 188, 194)코 있다.

요크
이제 배색실을 연결해서, 페어아일 도안대로 뜨기 시작할 것이다. 바늘에 코가 너무 많아지면 80cm 길이 줄바늘로 바꾼다.
자신이 선택한 사이즈에 해당하는 도안을 사용한다:
사이즈1, 2만 해당: 도안A를 사용한다.
사이즈3, 4, 5, 6만 해당: 도안B를 사용한다.
사이즈7, 8, 9, 10만 해당: 도안C를 사용한다.

모든 사이즈 해당
다음 단: 자신이 선택한 사이즈에 맞는 도안의 첫 번째 코를 뜬다, 그리고 표시된 무늬를 19 (20, 21, 22, 24, 25) (27, 29, 30, 31)회 반복한다. 단코표시링2 옮긴다, 그 단에서 사용한 2가지 색으로 7코 스틱을 코마다 색을 바꿔가며 이미 만들어진 무늬대로 겉뜨기3, 안뜨기1, 겉뜨기3 뜬다.

도안 37 (37, 40, 40, 40, 40) (43, 43, 43, 43)단을 다 뜨면, 총 274 (288, 302, 316, 344, 358) (386, 414, 428, 442)코 있다.
배색실을 모두 자르고, 이제 바탕실만 사용해서 뜬다.

경사뜨기
이제 경사뜨기로 뜰 것이다.
다음 단: 단코표시링2까지 겉뜨기, 단코표시링2 옮긴다, 겉뜨기3, 안뜨기1, 겉뜨기3.
1단(겉면): 겉뜨기231 (241, 251, 262, 285, 294) (318, 340, 350, 360), 편물 뒤집는다, 더블스티치 만든다.
2단(안면): 안뜨기196 (202, 208, 216, 234, 238) (258, 274, 280, 286), 편물 뒤집는다, 더블스티치 만든다.
3단: 더블스티치를 만날 때까지 겉뜨기, 더블스티치를 겉뜨기, 겉뜨기4, 편물 뒤집는다, 더블스티치 만든다.
4단: 더블스티치를 만날 때까지 안뜨기, 더블스티치를 안뜨기, 안뜨기4, 편물 뒤집는다, 더블스티치 만든다.
 3~4단을 2회 더 반복한다.

다음 단(겉면): 더블스티치를 만날 때까지 겉뜨기, 더블스티치를 겉뜨기, 단코표시링2까지 겉뜨기, 단코표시링2 옮긴다, 겉뜨기3, 안뜨기1, 겉뜨기3.
다음 단: 더블스티치를 만날 때까지 겉뜨기, 더블스티치를 겉뜨기, 이미 만들어진 무늬대로 단 끝까지 뜬다.

요크가 넥밴드를 제외하고 뒷목 중심에서 재서 19 (20, 21, 22, 23, 24) (26, 27, 28, 29)㎝가 될 때까지 원통뜨기로 메리야스뜨기한다. (스틱 코는 제외)

소매 분리
이제 카디건의 몸판과 소매를 분리할 것이다.

다음 단: 겉뜨기40 (43, 46, 50, 55, 58) (63, 68, 71, 74)—왼쪽 앞판, 다음 53 (54, 54, 54, 58, 59) (63, 67, 68, 69)코를 안전핀에 옮겨 쉼코로 둔다—왼쪽 소매, 2 (6, 9, 12, 12, 16) (16, 16, 20, 24)코 만든다, 겉뜨기81 (87, 94, 101, 111, 117) (127, 137, 143, 149)—뒤판, 다음 53 (54, 54, 54, 58, 59) (63, 67, 68, 69)코를 안전핀에 옮겨 쉼코로 둔다—오른쪽 소매. 2 (6, 9, 12, 12, 16) (16, 16, 20, 24)코 만든다, 단코표시링2까지 겉뜨기한다—오른쪽 앞판, 단코표시링2 옮긴다, 겉뜨기3, 안뜨기1, 겉뜨기3.
몸판에 총 172 (192, 212, 232, 252, 272) (292, 312, 332, 352)코 있다.

몸판
크롭 버전에서는 진동 중심에서 약 22㎝가 될 때까지 이미 만들어진 무늬대로 뜬다.
기본 버전에서는 진동 중심에서 약 30 (30, 30, 32, 32, 34) (36, 38, 40, 40)㎝가 될 때까지 이미 만들어진 무늬대로 뜬다.

밑단
3.5㎜ 바늘을 사용해서, 1코고무뜨기로 4㎝ 뜬다. 다음 단에서 느슨하게 코막음한다.

소매
안전핀에 쉼코로 두었던 53 (54, 54, 54, 58, 59) (63, 67, 68, 69)코를 4㎜ 바늘로 옮긴다. 몸판 진동 중심에서 만든 코 가운데서 시작해, 1 (3, 4, 6, 6, 8) (8, 8, 10, 12)코 줍는다. 소매 코 전의 구멍에서 1 (0, 0, 1, 1, 1) (1, 1, 0, 1)코 줍는다. 바늘로 옮긴 소매 코를 겉뜨기한다. 소매 코 다음의 구멍에서 0 (0, 0, 1, 1, 0) (0, 0, 0, 0)코 줍는다. 진동에서 만든 코에서 1 (3, 5, 6, 6, 8) (8, 8, 10, 12)코 줍는다. 단 시작에 표시링을 걸고 원통으

로 잇는다.
소매에 총 56 (60, 64, 68, 72, 76) (80, 84, 88, 94)코 있다.

진동 중심에서 약 41㎝가 될 때까지 (혹은 원하는 길이보다 6㎝ 모자랄 때까지) 평단으로 뜬다.

다음 단: *겉뜨기1, 왼코줄임*, *~*을 17 (19, 20, 21, 23, 24) (25, 27, 28, 30)회 더 반복, 겉뜨기2 (0, 1, 2, 0, 1) (2, 0, 1, 1).

총 38 (40, 43, 46, 48, 51) (54, 56, 59, 63)코 있다.

소맷단
주의: 사이즈3, 6, 9, 10만 해당: 고무뜨기 첫 번째 단에서 (왼코줄임으로) 1코 더 코줄임해야 한다.
3.5㎜ 바늘을 사용해서, 1코고무뜨기로 6㎝ 뜬다. 다음 단에서 느슨하게 코막음한다.

앞여밈단(크롭 버전)
왼쪽
편물의 겉면이 보이는 상태에서 왼쪽 앞판 위에서 시작해, 80㎝ 길이의 3.5㎜ 바늘로, 스틱 코 전의 첫 번째 코를 이용해서, 대략 1단에 1코씩 123 (125, 125, 137, 137, 137) (139, 139, 151, 151)코 줍는다.

1단(안면): 1코걸러뜨기, *안뜨기1, 겉뜨기1*, *~*을 왼손 바늘에 2코 남을 때까지 반복, 안뜨기2.
2단(겉면): 1코걸러뜨기, *겉뜨기1, 안뜨기1*, *~*을 왼손 바늘에 2코 남을 때까지 반복, 겉뜨기2.

1~2단을 2회 더 반복하고, 1단을 1회 더 반복한다.
다음 단에서 고무뜨기하면서 코막음한다.

오른쪽
편물의 겉면이 보이는 상태에서 오른쪽 앞판 아래에서 시작해, 80㎝ 길이의 3.5㎜ 바늘로, 스틱 코 전의 첫 번째 코를 이용해서, 대략 1단에 1코씩 123 (125, 125, 137, 137, 137) (139, 139, 151, 151)코 줍는다.

1단(겉면): 1코걸러뜨기, *안뜨기1, 겉뜨기1*, *~*을 왼손 바늘에 2코 남을 때까지 반복, 안뜨기2.
2단(안면): 1코걸러뜨기, *겉뜨기1, 안뜨기1*, *~*을 왼손 바늘에 2코 남을 때까지 반복, 겉뜨기2.

3단: 1단과 동일하게 뜬다.
4단(단춧구멍): 1코걸러뜨기, 고무뜨기로 4 (6, 6, 4, 4, 4) (6, 6, 4, 4)코 뜬다, *왼코줄임, 바늘비우기, 고무뜨기로 14 (14, 14, 16, 16, 16) (16, 16, 18, 18)코 뜬다*, *~*를 6회 더 반복, 왼코줄임, 바늘비우기, 이미 만들어진 무늬대로 단 끝까지 뜬다.

1~2단을 1회 더 반복하고, 1단을 1회 더 반복한다.
다음 단에서 고무뜨기하면서 느슨하게 코막음한다.

앞여밈단(기본 버전)

왼쪽

편물의 겉면이 보이는 상태에서 왼쪽 앞판 위에서 시작해, 80㎝ 길이의 3.5㎜ 바늘로, 스틱 코 전의 첫 번째 코를 이용해서, 대략 1단에 1코씩 139 (139, 155, 155, 157, 173) (175, 191, 193, 193)코 줍는다.

1단(안면): 1코걸러뜨기, *안뜨기1, 겉뜨기1*, *~*을 왼손 바늘에 2코 남을 때까지 반복, 안뜨기2.
2단(겉면): 1코걸러뜨기, *겉뜨기1, 안뜨기1*, *~*을 왼손 바늘에 2코 남을 때까지 반복, 겉뜨기2.
1~2단을 2회 더 반복하고, 1단을 1회 더 반복한다.
다음 단에서 고무뜨기하면서 코막음한다.

오른쪽

편물의 겉면이 보이는 상태에서 오른쪽 앞판 아래에서 시작해, 80㎝ 길이의 3.5㎜ 바늘로, 스틱 코 전의 첫 번째 코를 이용해서, 대략 1단에 1코씩 139 (139, 155, 155, 157, 173) (175, 191, 193, 193)코 줍는다.

1단(겉면): 1코걸러뜨기, *안뜨기1, 겉뜨기1*, *~*을 왼손 바늘에 2코 남을 때까지 반복, 안뜨기2.
2단(안면): 1코걸러뜨기, *겉뜨기1, 안뜨기1*, *~*을 왼손 바늘에 2코 남을 때까지 반복, 겉뜨기2.
3단: 1단과 동일하게 뜬다.
4단(단춧구멍): 1코걸러뜨기, 고무뜨기로 6 (6, 4, 4, 6, 4) (6, 4, 6, 6)코 뜬다, *왼코줄임, 바늘비우기, 고무뜨기로 12 (12, 14, 14, 14, 16) (16, 18, 18, 18)코 뜬다*, *~*를 8회 더 반복, 왼코줄임, 바늘비우기, 이미 만들어진 무늬대로 단 끝까지 뜬다.

1~2단을 1회 더 반복하고, 1단을 1회 더 반복한다.
다음 단에서 고무뜨기하면서 느슨하게 코막음한다.

스틱

이제 코바늘과 바탕실을 사용해서 스틱 코를 보강할 것이다. 카디건의 오른쪽 앞판 바닥에서 시작해, 스틱 두 번째 코의 두 번째 가닥과 세 번째 코의 첫 번째 가닥에 바늘을 넣어 빼뜨기한다. 이 방법으로 앞판을 따라서 네크라인까지 올라가며 작업한다. 나중에 정리할 실을 여유 있게 남기고, 실을 자른다. 편물을 뒤집고, 이번에는 왼쪽 앞판 위에서 시작한다. 전과 동일한 방식으로, 두 번째 코의 두 번째 가닥과 세 번째 코의 첫 번째 가닥에 바늘을 넣어 빼뜨기한다. 카디건의 바닥까지 내려가며 계속해서 빼뜨기한다. 스틱의 옆선을 보강했다. 예리한 가위를 사용해서, 스틱 중심 안뜨기 코를 따라서 카디건 모양이 되게 자른다.

마무리

실을 정리한다. 자신이 선호하는 방식을 사용해서 블로킹한다. 카디건이 마르면 단추를 단다. 남아 있는 스틱 코를 안쪽으로 접어 꿰매 풀리지 않게 한다. 더 예쁘고 깔끔하게 보이도록 접은 스틱 코 위에 리본테이프를 덧대 꿰매도 좋다.

도안A

도안B

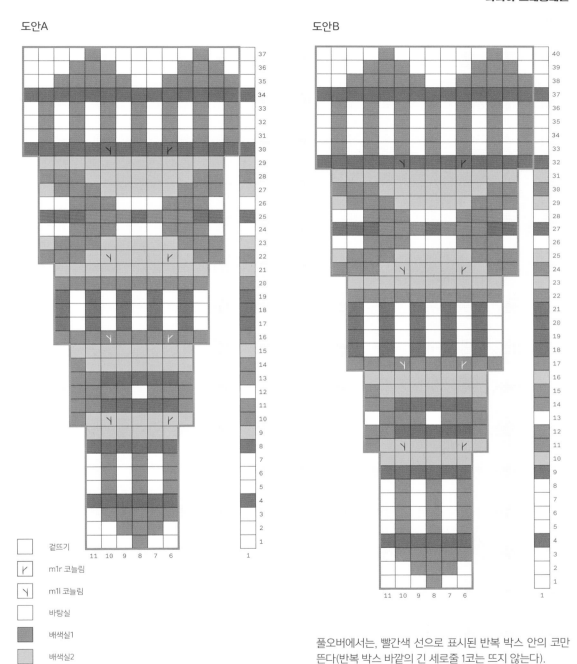

겉뜨기

m1r 코늘림

m1l 코늘림

바탕실

배색실1

배색실2

배색실3

풀오버에서는, 빨간색 선으로 표시된 반복 박스 안의 코만 뜬다(반복 박스 바깥의 긴 세로줄 1코는 뜨지 않는다).

45

아즈세나 카디건

도안c

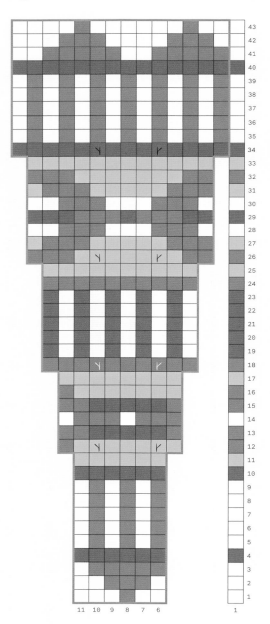

☐	겉뜨기
↗	m1r 코늘림
↖	m1l 코늘림
☐	바탕실
■	배색실1
■	배색실2
■	배색실3

니트프로비제이션

KNITPROVISATION

"저는 각각의 디자인을 시작할 때 처음에 실에서 영감을 받습니다. 코리워스티드의 고급스러운 워스티드 굵기와 편안한 논슈퍼워시 느낌은 즉시 교차무늬를 떠올리게 했습니다. 저는 반원형 구조를 좋아합니다. 뜨기가 쉽거든요. 계속 숫자를 셀 필요 없이 느긋하게 조용히 단을 즐길 수 있습니다. 옐로브릭로드는 제가 가장 좋아하는 라비앵 에메 색상 중 하나여서, 숄 어딘가에 금빛 허니콤 교차무늬를 넣어야 한다는 것을 알았습니다. 다른 무늬들은 편물을 디자인하는 동안 즉흥적으로 만들었습니다. 이 질감 있는 숄을 뜨는 동안 여러분의 바늘에도 장난기와 흥분의 리듬이 전달되기를 바랍니다."

사이즈
단일 사이즈

완성 치수
너비 137㎝, 코 만든 가장자리에서 코막음한 가장자리까지 숄 중심을 따라 쟀을 때 58㎝, 블로킹 후 잰 치수

재료
실: 라비앵 에메의 코리워스티드(포클랜드 코리데일 울 75%, 고틀란드 울 25%, 230m – 100g). 각 색상 1타래씩
사진 속 샘플 색상:
색상A – 옐로브릭로드(노랑)
색상B – 샌드스톤(연갈색)
색상C – 모리아(진갈색)
색상D – 러스트(주황)
색상E – 코클리코(빨강)
혹은 다음과 같은 분량의 워스티드 굵기 실:
색상A 229m, 색상B 183m, 색상C 201m, 색상D 110m, 색상E 137m
바늘: 120㎝ 길이의 4.5㎜ 줄바늘 혹은 게이지 치수를 얻는 데 필요한 호수의 바늘
부자재: 돗바늘, 꽈배기바늘

게이지
18코×28단=10×10㎝ / 가터뜨기, 블로킹 전 잰 치수

약어
2/2 RC Right Cross **교차뜨기:** 2코를 꽈배기바늘에 옮겨 편물 뒤에 두고, 다음 2코를 겉뜨기, 꽈배기바늘의 2코를 겉뜨기
4/4 RC 교차뜨기: 4코를 꽈배기바늘에 옮겨 편물 뒤에 두고, 다음 4코를 겉뜨기, 꽈배기바늘의 4코를 겉뜨기
6/6 RC 교차뜨기: 6코를 꽈배기바늘에 옮겨 편물 뒤에 두고, 다음 6코를 겉뜨기, 꽈배기바늘의 6코를 겉뜨기
8/8 RC 교차뜨기: 8코를 꽈배기바늘에 옮겨 편물 뒤에 두고, 다음 8코를 겉뜨기, 꽈배기바늘의 8코를 겉뜨기
감아코 코늘림 Make 1: 감아코잡기 기법으로 1코 코늘림
아랫단에서 코늘림 Make one below: 아랫단의 코 뒤에 바늘을 넣어 겉뜨기해 1코 코늘림

니트프로비제이션 숄

만드는 법
*니트프로비제이션 숄*은 중심에서 아이코드 코잡기로 시작해 반원형 구조로 계속 코늘림하며 뜬다. 10개의 섹션을 지시에 따라 저마다 다른 무늬로 뜬다.

아이코드 코잡기 기법 동영상 강의:
youtu.be/03_Jby1lmRQ

색상A를 사용해서: 3코 만든다. *겉뜨기3, 방금 겉뜨기한 3코를 왼손 바늘로 옮긴다, *~*를 2회 더 반복, 겉뜨기3. 아이코드 가장자리를 따라 3코 줍는다. 총 6코. 편물을 안면으로 뒤집는다.
다음 단(안면): 왼손 바늘 끝에서 가장 가까운 코에서 시작해서 왼손 바늘 끝에서 가장 먼 코에서 끝내며, 아이코드 코잡은 가장자리를 따라 3코 줍는다, 안뜨기3, 실을 편물 앞에 두고 3코걸러뜨기. (총 9코)

섹션1 - 교차뜨기
1단(겉면): 겉뜨기3, 감아코 코늘림, *겉뜨기1, 감아코 코늘림*을 3회 반복, 실을 편물 앞에 두고 3코걸러뜨기. (총 13코)
2단(안면): 겉뜨기3, 안뜨기7, 실을 편물 앞에 두고 3코걸러뜨기.
3단(겉면): 겉뜨기3, 감아코 코늘림, *겉뜨기1, 아랫단에서 코늘림*을 6회 반복, 겉뜨기1, 감아코 코늘림, 실을 편물 앞에 두고 3코걸러뜨기. (총 21코)
4단(안면): 겉뜨기3, 안뜨기15, 실을 편물 앞에 두고 3코걸러뜨기.
5단(겉면): 겉뜨기3, kfb 코늘림, *겉뜨기2, 안뜨기1*을 4회 반복, 겉뜨기1, kfb 코늘림, 실을 편물 앞에 두고 3코걸러뜨기. (총 23코)
6단(안면): 겉뜨기3, kfb 코늘림, *안뜨기2, 겉뜨기1*을 5회 반복, 안뜨기1, 실을 편물 앞에 두고 3코걸러뜨기. (총 24코)
7단(겉면): 겉뜨기3, kfb 코늘림, *pfb 코늘림, (아랫단에서 코늘림, 겉뜨기1)을 2회 반복*, *~*을 4회 더 반복, pfb 코늘림, 겉뜨기1, 실을 편물 앞에 두고 3코걸러뜨기. (총 41코)
8단(안면): 겉뜨기3, pfb 코늘림, 겉뜨기2, *안뜨기4, 겉뜨기2*를 왼손 바늘에 5코 남을 때까지 반복, 안뜨기2, 실을 편물 앞에 두고 3코걸러뜨기. (총 42코)
9단(겉면): 겉뜨기3, kfb 코늘림, 겉뜨기1, 안뜨기2, *2/2 RC 교차뜨기, 안뜨기2*를 왼손 바늘에 5코 남을 때까지 반복, 겉뜨기2, 실을 편물 앞에 두고 3코걸러뜨기. (총 43코)

10단(안면): 겉뜨기3, pfb 코늘림, 안뜨기1, 겉뜨기2, *안뜨기4, 겉뜨기2*를 왼손 바늘에 6코 남을 때까지 반복, 안뜨기3, 실을 편물 앞에 두고 3코걸러뜨기. (총 44코)
11단(겉면): 겉뜨기3, kfb 코늘림, 겉뜨기2, 안뜨기2, *겉뜨기4, 안뜨기2*를 왼손 바늘에 6코 남을 때까지 반복, 겉뜨기3, 실을 편물 앞에 두고 3코걸러뜨기. (총 45코)
12단(안면): 겉뜨기3, pfb 코늘림, 안뜨기2, *겉뜨기2, 안뜨기4*를 왼손 바늘에 3코 남을 때까지 반복, 실을 편물 앞에 두고 3코걸러뜨기. (총 46코)
13단(겉면): 겉뜨기3, 감아코 코늘림, *(아랫단에서 코늘림, 겉뜨기1)을 4회 반복, 안뜨기2*, *~*를 왼손 바늘에 7코 남을 때까지 반복, *아랫단에서 코늘림, 겉뜨기1*을 4회 반복, 감아코 코늘림, 실을 편물 앞에 두고 3코걸러뜨기. (총 76코)
14단(안면): 겉뜨기3, 겉뜨기1, 안뜨기8, *겉뜨기2, 안뜨기8*을 왼손 바늘에 4코 남을 때까지 반복, 겉뜨기1, 실을 편물 앞에 두고 3코걸러뜨기.
15단(겉면): 겉뜨기3, pfb 코늘림, 4/4 RC 교차뜨기, *안뜨기2, 4/4 RC 교차뜨기*를 왼손 바늘에 4코 남을 때까지 반복, 안뜨기1, 실을 편물 앞에 두고 3코걸러뜨기. (총 77코)
16단(안면): 겉뜨기3, kfb 코늘림, 안뜨기8, *겉뜨기2, 안뜨기8*을 왼손 바늘에 5코 남을 때까지 반복, 겉뜨기2, 실을 편물 앞에 두고 3코걸러뜨기. (총 78코)
17단(겉면): 겉뜨기3, kfb 코늘림, 안뜨기1, 겉뜨기8, *안뜨기2, 겉뜨기8*을 왼손 바늘에 5코 남을 때까지 반복, 안뜨기2, 실을 편물 앞에 두고 3코걸러뜨기. (총 79코)
18단(안면): 겉뜨기3, pfb 코늘림, 겉뜨기1, *안뜨기8, 겉뜨기2*를 왼손 바늘에 4코 남을 때까지 반복, 안뜨기1, 실을 편물 앞에 두고 3코걸러뜨기. (총 80코)
19단(겉면): 겉뜨기3, kfb 코늘림, 안뜨기2, *겉뜨기8, 안뜨기2*를 왼손 바늘에 4코 남을 때까지 반복, 겉뜨기1, 실을 편물 앞에 두고 3코걸러뜨기. (총 81코)
20단(안면): 겉뜨기3, pfb 코늘림, 겉뜨기2, *안뜨기8, 겉뜨기2*를 왼손 바늘에 5코 남을 때까지 반복, 안뜨기2, 실을 편물 앞에 두고 3코걸러뜨기. (총 82코)
21단(겉면): 겉뜨기3, kfb 코늘림, 겉뜨기1, 안뜨기2, *(아랫단에서 코늘림, 겉뜨기2)를 4회 반복, 안뜨기2*, *~*를 왼손 바늘에 5코 남을 때까지 반복, 겉뜨기2, 실을 편물 앞에 두고 3코걸러뜨기. (총 111코)
22단(안면): 겉뜨기3, pfb 코늘림, 안뜨기1, 겉뜨기2, *안뜨기12, 겉뜨기2*를 왼손 바늘에 6코 남을 때까지 반복, 안뜨기3, 실을 편물 앞에 두고 3코걸러뜨기. (총 112코)

23단(겉면): 겉뜨기3, kfb 코늘림, 겉뜨기2, 안뜨기2, *6/6 RC 교차뜨기, 안뜨기2*를 왼손 바늘에 6코 남을 때까지 반복, 겉뜨기3, 실을 편물 앞에 두고 3코걸러뜨기. (총 113코)

24단(안면): 겉뜨기3, pfb 코늘림, 안뜨기2, 겉뜨기2, *안뜨기12, 겉뜨기2*를 왼손 바늘에 7코 남을 때까지 반복, 안뜨기4, 실을 편물 앞에 두고 3코걸러뜨기. (총 114코)

25단(겉면): 겉뜨기3, kfb 코늘림, 겉뜨기3, 안뜨기2, *겉뜨기12, 안뜨기2*를 왼손 바늘에 7코 남을 때까지 반복, 겉뜨기4, 실을 편물 앞에 두고 3코걸러뜨기. (총 115코)

26단(안면): 겉뜨기3, pfb 코늘림, 안뜨기3, 겉뜨기2, *안뜨기12, 겉뜨기2*를 왼손 바늘에 8코 남을 때까지 반복, 안뜨기5, 실을 편물 앞에 두고 3코걸러뜨기. (총 116코)

27단(겉면): 겉뜨기3, kfb 코늘림, 겉뜨기4, 안뜨기2, *겉뜨기12, 안뜨기2*를 왼손 바늘에 8코 남을 때까지 반복, 겉뜨기5, 실을 편물 앞에 두고 3코걸러뜨기. (총 117코)

28단(안면): 겉뜨기3, pfb 코늘림, 안뜨기4, 겉뜨기2, *안뜨기12, 겉뜨기2*를 왼손 바늘에 9코 남을 때까지 반복, 안뜨기6, 실을 편물 앞에 두고 3코걸러뜨기. (총 118코)

29단(겉면): 겉뜨기3, kfb 코늘림, 겉뜨기5, 안뜨기2, *겉뜨기12, 안뜨기2*를 왼손 바늘에 9코 남을 때까지 반복, 겉뜨기6, 실을 편물 앞에 두고 3코걸러뜨기. (총 119코)

30단(안면): 겉뜨기3, pfb 코늘림, 안뜨기5, 겉뜨기2, *안뜨기12, 겉뜨기2*를 왼손 바늘에 10코 남을 때까지 반복, 안뜨기7, 실을 편물 앞에 두고 3코걸러뜨기. (총 120코)

31단(겉면): 겉뜨기3, kfb 코늘림, 겉뜨기6, 안뜨기2, *(아랫단에서 코늘림, 겉뜨기3)을 4회 반복, 안뜨기2*, *~*를 왼손 바늘에 10코 남을 때까지 반복, 겉뜨기7, 실을 편물 앞에 두고 3코걸러뜨기. (총 149코)

32단(안면): 겉뜨기3, pfb 코늘림, 안뜨기6, 겉뜨기2, *안뜨기16, 겉뜨기2*를 왼손 바늘에 11코 남을 때까지 반복, 안뜨기8, 실을 편물 앞에 두고 3코걸러뜨기. (총 150코)

33단(겉면): 겉뜨기3, kfb 코늘림, 겉뜨기7, 안뜨기2, *8/8 RC 교차뜨기, 안뜨기2*를 왼손 바늘에 11코 남을 때까지 반복, 겉뜨기8, 실을 편물 앞에 두고 3코걸러뜨기. (총 151코)

34단(안면): 겉뜨기3, pfb 코늘림, 안뜨기7, 겉뜨기2, *안뜨기16, 겉뜨기2*를 왼손 바늘에 12코 남을 때까지 반복, 안뜨기9, 실을 편물 앞에 두고 3코걸러뜨기. (총 152코)

35단(겉면): 겉뜨기3, kfb 코늘림, 겉뜨기8, 안뜨기2, *겉뜨기16, 안뜨기2*를 왼손 바늘에 12코 남을 때까지 반복, 겉뜨기9, 실을 편물 앞에 두고 3코걸러뜨기. (총 153코)

36단(안면): 겉뜨기3, pfb 코늘림, 안뜨기8, 겉뜨기2, *안뜨기16, 겉뜨기2*를 왼손 바늘에 13코 남을 때까지 반복, 안뜨기10, 실을 편물 앞에 두고 3코걸러뜨기. (총 154코)
색상A를 자른다.

섹션2 - 걸러뜨기 도트무늬

1단(겉면): 색상B를 사용해서: 겉뜨기3, kfb 코늘림, 왼손 바늘에 3코 남을 때까지 겉뜨기, 실을 편물 앞에 두고 3코걸러뜨기. (총 155코)

2단(안면): 겉뜨기3, 왼손 바늘에 3코 남을 때까지 안뜨기, 실을 편물 앞에 두고 3코걸러뜨기. 이번 안면 단에서는 코늘림하지 않는다. 색상B를 자르지 않는다.

3단(겉면): 색상C를 사용해서: 겉뜨기3, kfb 코늘림, 실을 편물 뒤에 두고 1코걸러뜨기, *겉뜨기1, 실을 편물 뒤에 두고 1코걸러뜨기*를 왼손 바늘에 4코 남을 때까지 반복, 겉뜨기1, 실을 편물 앞에 두고 3코걸러뜨기. (총 156코)

4단(안면): 겉뜨기3, kfb 코늘림, 실을 편물 앞에 두고 1코걸러뜨기, *겉뜨기1, 실을 편물 앞에 두고 1코걸러뜨기*를 왼손 바늘에 5코 남을 때까지 반복, 겉뜨기2, 실을 편물 앞에 두고 3코걸러뜨기. 색상C를 자른다. (총 157코)

5단(겉면): 색상B를 사용해서: 왼손 바늘에 3코 남을 때까지 겉뜨기, 실을 편물 앞에 두고 3코걸러뜨기. 이번 겉면 단에서는 코늘림하지 않는다. 편물을 뒤집지 않는다.
색상B를 자른다. 다음 섹션에서 다시 겉면 쪽에서 뜨기 위해 코를 오른쪽으로 민다.

섹션3 - 꼬아뜨기 고무단

1단(겉면): 색상D를 사용해서: 겉뜨기3, kfb 코늘림, 왼손 바늘에 3코 남을 때까지 겉뜨기, 실을 편물 앞에 두고 3코걸러뜨기. (총 158코)

2단(안면): 겉뜨기3, kfb 코늘림, 겉뜨기1, *꼬아뜨기로 안뜨기1, 겉뜨기1*를 왼손 바늘에 5코 남을 때까지 반복, 꼬아뜨기로 안뜨기1, 겉뜨기1, 실을 편물 앞에 두고 3코걸러뜨기. (총 159코)

3단(겉면): 겉뜨기3, kfb 코늘림, 꼬아뜨기로 겉뜨기1, *안뜨기1, 꼬아뜨기로 겉뜨기1*을 왼손 바늘에 4코 남을 때까지 반복, 겉뜨기1, 실을 편물 앞에 두고 3코걸러뜨기. (1코 늘어남)

4단(안면): 겉뜨기3, kfb 코늘림, 꼬아뜨기로 안뜨기1, *겉뜨기1, 꼬아뜨기로 안뜨기1*을 왼손 바늘에 5코 남을 때까지 반복, 겉뜨기2, 실을 편물 앞에 두고 3코걸러뜨기. (1코 늘어남)

5단(겉면): 겉뜨기3, kfb 코늘림, 안뜨기1, *꼬아뜨기로 겉뜨기1, 안뜨기1*을 왼손 바늘에 4코 남을 때까지 반복, 겉뜨기1,

실을 편물 앞에 두고 3코걸러뜨기. (1코 늘어남)
6단(안면): 겉뜨기3, kfb 코늘림, 겉뜨기1, *꼬아뜨기로 안뜨기1, 겉뜨기1*을 왼손 바늘에 5코 남을 때까지 반복, 꼬아뜨기로 안뜨기1, 겉뜨기1, 실을 편물 앞에 두고 3코걸러뜨기. (1코 늘어남)
3~6단을 1회 더 반복한다. 색상D를 자른다. (총 167코)

섹션4 - 걸러뜨기 도트무늬
1단(겉면): 색상B를 사용해서: 겉뜨기3, kfb 코늘림, 왼손 바늘에 3코 남을 때까지 겉뜨기, 실을 편물 앞에 두고 3코걸러뜨기. (총 168코)
2단(안면): 겉뜨기3, pfb 코늘림, 왼손 바늘에 3코 남을 때까지 안뜨기, 실을 편물 앞에 두고 3코걸러뜨기. 색상B를 자르지 않는다. (총 169코)
3단(겉면): 색상C를 사용해서: 겉뜨기3, kfb 코늘림, 실을 편물 뒤에 두고 1코걸러뜨기, *겉뜨기1, 실을 편물 뒤에 두고 1코걸러뜨기*를 왼손 바늘에 4코 남을 때까지 반복, 겉뜨기1, 실을 편물 앞에 두고 3코걸러뜨기. (총 170코)
4단(안면): 겉뜨기3, kfb 코늘림, 실을 편물 앞에 두고 1코걸러뜨기, *겉뜨기1, 실을 편물 앞에 두고 1코걸러뜨기*를 왼손 바늘에 5코 남을 때까지 반복, 겉뜨기2, 실을 편물 앞에 두고 3코걸러뜨기. 색상C를 자른다. (총 171코)
5단(겉면): 색상B를 사용해서: 왼손 바늘에 3코 남을 때까지 겉뜨기, 실을 편물 앞에 두고 3코걸러뜨기. 이번 겉면 단에서는 코늘림하지 않는다. 편물을 뒤집지 않는다. 색상B를 자른다. 다음 섹션에서 다시 겉면을 뜨기 위해 코를 오른쪽으로 민다.

섹션5 - 허니콤 교차뜨기
1단(겉면): 색상E를 사용해서: 겉뜨기3, kfb 코늘림, *겉뜨기2, 감아코 코늘림, 겉뜨기1, 감아코 코늘림*을 왼손 바늘에 5코 남을 때까지 반복, 겉뜨기2, 실을 편물 앞에 두고 3코걸러뜨기. (총 280코)
2단(안면): 겉뜨기3, 안뜨기1, *안뜨기2, 겉뜨기4, 안뜨기2*를 왼손 바늘에 4코 남을 때까지 반복, 안뜨기1, 실을 편물 앞에 두고 3코걸러뜨기. 이번 단에서는 코늘림하지 않는다.

아래의 교차뜨기 약어를 섹션5와 섹션9에서 사용한다.
2/2 RPC Right Purl Cross **교차뜨기:** 꽈배기바늘에 2코 옮겨 편물 뒤에 두고, 겉뜨기2, 꽈배기바늘의 2코 안뜨기
2/2 LPC Left Purl Cross **교차뜨기:** 꽈배기바늘에 2코 옮겨 편물 앞에 두고, 안뜨기2, 꽈배기바늘의 2코 겉뜨기

3단(겉면): 겉뜨기3, kfb 코늘림, *2/2 LPC 교차뜨기, 2/2 RPC 교차뜨기*를 왼손 바늘에 4코 남을 때까지 반복, 겉뜨기1, 실을 편물 앞에 두고 3코걸러뜨기. (총 281코)
4단(안면): 겉뜨기3, kfb 코늘림, 겉뜨기2, *안뜨기4, 겉뜨기4*를 왼손 바늘에 3코 남을 때까지 반복, 실을 편물 앞에 두고 3코걸러뜨기. (총 282코)
5단(겉면): 겉뜨기3, kfb 코늘림, 안뜨기1, *안뜨기2, 겉뜨기4, 안뜨기2*를 왼손 바늘에 5코 남을 때까지 반복, 안뜨기2, 실을 편물 앞에 두고 3코걸러뜨기. (총 283코)
6단(안면): 겉뜨기3, pfb 코늘림, 겉뜨기3, *안뜨기4, 겉뜨기4*를 왼손 바늘에 4코 남을 때까지 반복, 안뜨기1, 실을 편물 앞에 두고 3코걸러뜨기. (총 284코)
7단(겉면): 겉뜨기3, pfb 코늘림, 겉뜨기2, *2/2 RPC 교차뜨기, 2/2 LPC 교차뜨기*를 왼손 바늘에 6코 남을 때까지 반복, 겉뜨기2, 안뜨기1, 실을 편물 앞에 두고 3코걸러뜨기. (총 285코)
8단(안면): 겉뜨기3, kfb 코늘림, 안뜨기4, *겉뜨기4, 안뜨기4*를 왼손 바늘에 5코 남을 때까지 반복, 겉뜨기2, 실을 편물 앞에 두고 3코걸러뜨기. (총 286코)
9단(겉면): 겉뜨기3, pfb 코늘림, 안뜨기1, 겉뜨기4, *안뜨기4, 겉뜨기4*를 왼손 바늘에 5코 남을 때까지 반복, 안뜨기2, 실을 편물 앞에 두고 3코걸러뜨기. (총 287코)
10단(안면): 겉뜨기3, kfb 코늘림, 겉뜨기1, 안뜨기4, *겉뜨기4, 안뜨기4*를 왼손 바늘에 6코 남을 때까지 반복, 겉뜨기3, 실을 편물 앞에 두고 3코걸러뜨기. (총 288코)
11단(겉면): 겉뜨기3, kfb 코늘림, *2/2 RPC 교차뜨기, 2/2 LPC 교차뜨기*를 왼손 바늘에 4코 남을 때까지 반복, 겉뜨기1, 실을 편물 앞에 두고 3코걸러뜨기. (총 289코)
12단(안면): 겉뜨기3, pfb 코늘림, 안뜨기2, *겉뜨기4, 안뜨기4*를 왼손 바늘에 3코 남을 때까지 반복, 실을 편물 앞에 두고 3코걸러뜨기. (총 290코)
13단(겉면): 겉뜨기3, pfb 코늘림, 겉뜨기3, *안뜨기4, 겉뜨기4*를 왼손 바늘에 3코 남을 때까지 반복, 실을 편물 앞에 두고 3코걸러뜨기. (총 291코)
14단(안면): 겉뜨기3, kfb 코늘림, 안뜨기3, *겉뜨기4, 안뜨기4*를 왼손 바늘에 4코 남을 때까지 반복, 겉뜨기1, 실을 편물 앞에 두고 3코걸러뜨기. (총 292코)
15단(겉면): 겉뜨기3, kfb 코늘림, 안뜨기2, *2/2 LPC 교차뜨기, 2/2 RPC 교차뜨기*를 왼손 바늘에 6코 남을 때까지 반복, 안뜨기2, 겉뜨기1, 실을 편물 앞에 두고 3코걸러뜨기. (총 293코)
16단(안면): 겉뜨기3, pfb 코늘림, 겉뜨기4, *안뜨기4, 겉뜨

기4*를 왼손 바늘에 5코 남을 때까지 반복, 안뜨기2, 실을 편물 앞에 두고 3코걸러뜨기. (총 294코)

17단(겉면): 겉뜨기3, kfb 코늘림, 겉뜨기1, 안뜨기4, *겉뜨기4, 안뜨기4*를 왼손 바늘에 5코 남을 때까지 반복, 겉뜨기2, 실을 편물 앞에 두고 3코걸러뜨기. (총 295코)

18단(안면): 겉뜨기3, pfb 코늘림, 안뜨기1, 겉뜨기4, *안뜨기4, 겉뜨기4*를 왼손 바늘에 6코 남을 때까지 반복, 안뜨기3, 실을 편물 앞에 두고 3코걸러뜨기. (총 296코)

19단(겉면): 겉뜨기3, pfb 코늘림, *2/2 LPC 교차뜨기, 2/2 RPC 교차뜨기*를 왼손 바늘에 4코 남을 때까지 반복, 안뜨기1, 실을 편물 앞에 두고 3코걸러뜨기. (총 297코)

20단(안면): 겉뜨기3, kfb 코늘림, 겉뜨기2, *안뜨기4, 겉뜨기4*를 왼손 바늘에 3코 남을 때까지 반복, 실을 편물 앞에 두고 3코걸러뜨기. (총 298코)

21단(겉면): 겉뜨기3, kfb 코늘림, 안뜨기3, *겉뜨기4, 안뜨기4*를 왼손 바늘에 3코 남을 때까지 반복, 실을 편물 앞에 두고 3코걸러뜨기. (총 299코)

22단(안면): 겉뜨기3, pfb 코늘림, 겉뜨기3, *안뜨기4, 겉뜨기4*를 왼손 바늘에 4코 남을 때까지 반복, 안뜨기1, 실을 편물 앞에 두고 3코걸러뜨기. (총 300코)

23단(겉면): 겉뜨기3, pfb 코늘림, 겉뜨기2, *2/2 RPC 교차뜨기, 2/2 LPC 교차뜨기*를 왼손 바늘에 6코 남을 때까지 반복, 겉뜨기2, 안뜨기1, 실을 편물 앞에 두고 3코걸러뜨기. (총 301코)

24단(안면): 겉뜨기3, kfb 코늘림, 안뜨기4, *겉뜨기4, 안뜨기4*를 왼손 바늘에 5코 남을 때까지 반복, 겉뜨기2, 실을 편물 앞에 두고 3코걸러뜨기. (총 302코)

색상E를 자른다.

섹션6 - 걸러뜨기 도트무늬

1단(겉면): 색상B를 사용해서: 겉뜨기3, kfb 코늘림, 왼손 바늘에 3코 남을 때까지 겉뜨기, 실을 편물 앞에 두고 3코걸러뜨기. (총 303코)

2단(안면): 겉뜨기3, 왼손 바늘에 3코 남을 때까지 안뜨기, 실을 편물 앞에 두고 3코걸러뜨기. 이번 안면 단에서는 코늘림하지 않는다. 색상B를 자르지 않는다.

3단(겉면): 색상C를 사용해서: 겉뜨기3, kfb 코늘림, 실을 편물 뒤에 두고 1코걸러뜨기, *겉뜨기1, 실을 편물 뒤에 두고 1코걸러뜨기*를 왼손 바늘에 4코 남을 때까지 반복, 겉뜨기1, 실을 편물 앞에 두고 3코걸러뜨기. (총 304코)

4단(안면): 겉뜨기3, kfb 코늘림, 실을 편물 앞에 두고 1코걸러뜨기, *겉뜨기1, 실을 편물 앞에 두고 1코걸러뜨기*를 왼손 바늘에 5코 남을 때까지 반복, 겉뜨기2, 실을 편물 앞에 두고 3코걸러뜨기. 색상C를 자른다. (총 305코)

5단(겉면): 색상B를 사용해서: 왼손 바늘에 3코 남을 때까지 겉뜨기, 실을 편물 앞에 두고 3코걸러뜨기. 이번 겉면 단에서는 코늘림하지 않는다. 편물을 뒤집지 않는다.
색상B를 자른다. 다음 섹션에서 다시 겉면을 뜨기 위해 코를 오른쪽으로 민다.

섹션7 - 꼬아뜨기 고무단

1단(겉면): 색상D를 사용해서: 겉뜨기3, kfb 코늘림, 왼손 바늘에 3코 남을 때까지 겉뜨기, 실을 편물 앞에 두고 3코걸러뜨기. (총 306코)

2단(안면): 겉뜨기3, kfb 코늘림, 겉뜨기1, *꼬아뜨기로 안뜨기1, 겉뜨기1*을 왼손 바늘에 5코 남을 때까지 반복, 꼬아뜨기로 안뜨기1, 겉뜨기1, 실을 편물 앞에 두고 3코걸러뜨기. (총 307코)

3단(겉면): 겉뜨기3, kfb 코늘림, 꼬아뜨기로 겉뜨기1, *안뜨기1, 꼬아뜨기로 겉뜨기1*을 왼손 바늘에 4코 남을 때까지 반복, 겉뜨기1, 실을 편물 앞에 두고 3코걸러뜨기. (1코 늘어남)

4단(안면): 겉뜨기3, kfb 코늘림, 꼬아뜨기로 안뜨기1, *겉뜨기1, 꼬아뜨기로 안뜨기1*을 왼손 바늘에 5코 남을 때까지 반복, 겉뜨기2, 실을 편물 앞에 두고 3코걸러뜨기. (1코 늘어남)

5단(겉면): 겉뜨기3, kfb 코늘림, 안뜨기1, *꼬아뜨기로 겉뜨기1, 안뜨기1*을 왼손 바늘에 4코 남을 때까지 반복, 겉뜨기1, 실을 편물 앞에 두고 3코걸러뜨기. (1코 늘어남)

6단(안면): 겉뜨기3, kfb 코늘림, 겉뜨기1, *꼬아뜨기로 안뜨기1, 겉뜨기1*을 왼손 바늘에 5코 남을 때까지 반복, 꼬아뜨기로 안뜨기1, 겉뜨기1, 실을 편물 앞에 두고 3코걸러뜨기. (1코 늘어남)

3~6단을 1회 더 반복한다. 색상D를 자른다. (총 315코)

섹션8 - 걸러뜨기 도트무늬

1단(겉면): 색상B를 사용해서: 겉뜨기3, kfb 코늘림, 왼손 바늘에 3코 남을 때까지 겉뜨기, 실을 편물 앞에 두고 3코걸러뜨기. (총 316코)

2단(안면): 겉뜨기3, pfb 코늘림, 왼손 바늘에 3코 남을 때까지 안뜨기, 실을 편물 앞에 두고 3코걸러뜨기. 색상B를 자르지 않는다. (총 317코)

3단(겉면): 색상C를 사용해서: 겉뜨기3, kfb 코늘림, 실을 편물 뒤에 두고 1코걸러뜨기, *겉뜨기1, 실을 편물 뒤에 두고 1코걸러뜨기*를 왼손 바늘에 4코 남을 때까지 반복, 겉뜨기1, 실을 편물 앞에 두고 3코걸러뜨기. (총 318코)

4단(안면): 겉뜨기3, kfb 코늘림, 실을 편물 앞에 두고 1코걸러뜨기, *겉뜨기1, 실을 편물 앞에 두고 1코걸러뜨기*를 왼손 바늘에 5코 남을 때까지 반복, 겉뜨기2, 실을 편물 앞에 두고 3코걸러뜨기. 색상C를 자른다. (총 319코)

5단(겉면): 색상B를 사용해서: 왼손 바늘에 3코 남을 때까지 겉뜨기, 실을 편물 앞에 두고 3코걸러뜨기. 이번 겉면 단에서는 코늘림하지 않는다. 편물을 뒤집지 않는다. 색상B를 자른다. 다음 섹션에서 다시 겉면을 뜨기 위해 코를 오른쪽으로 민다.

섹션9 - 사선 교차무늬

1단(겉면): 색상A를 사용해서: 겉뜨기3, kfb 코늘림, *겉뜨기6, 감아코 코늘림*을 왼손 바늘에 9코 남을 때까지 반복, 겉뜨기6, 실을 편물 앞에 두고 3코걸러뜨기. (총 371코)

2단(안면): 겉뜨기3, kfb 코늘림, *안뜨기2, 겉뜨기12*를 왼손 바늘에 3코 남을 때까지 반복, 실을 편물 앞에 두고 3코걸러뜨기. (총 372코)

3단(겉면): 겉뜨기3, pfb 코늘림, 안뜨기9, 2/2 RPC 교차뜨기, *안뜨기10, 2/2 RPC 교차뜨기*를 왼손 바늘에 5코 남을 때까지 반복, 안뜨기2, 실을 편물 앞에 두고 3코걸러뜨기. (총 373코)

4단(안면): 겉뜨기3, kfb 코늘림, 겉뜨기3, 안뜨기2, *겉뜨기12, 안뜨기2*를 왼손 바늘에 14코 남을 때까지 반복, 겉뜨기11, 실을 편물 앞에 두고 3코걸러뜨기. (총 374코)

5단(겉면): 겉뜨기3, pfb 코늘림, 안뜨기8, 2/2 RPC 교차뜨기, *안뜨기10, 2/2 RPC 교차뜨기*를 왼손 바늘에 8코 남을 때까지 반복, 안뜨기5, 실을 편물 앞에 두고 3코걸러뜨기. (총 375코)

6단(안면): 겉뜨기3, kfb 코늘림, 겉뜨기6, 안뜨기2, *겉뜨기12, 안뜨기2*를 왼손 바늘에 13코 남을 때까지 반복, 겉뜨기10, 실을 편물 앞에 두고 3코걸러뜨기. (총 376코)

7단(겉면): 겉뜨기3, pfb 코늘림, 안뜨기7, 2/2 RPC 교차뜨기, *안뜨기10, 2/2 RPC 교차뜨기*를 왼손 바늘에 11코 남을 때까지 반복, 안뜨기8, 실을 편물 앞에 두고 3코걸러뜨기. (총 377코)

8단(안면): 겉뜨기3, kfb 코늘림, 겉뜨기9, 안뜨기2, *겉뜨기12, 안뜨기2*를 왼손 바늘에 12코 남을 때까지 반복, 겉뜨기9, 실을 편물 앞에 두고 3코걸러뜨기. (총 378코)

9단(겉면): 겉뜨기3, pfb 코늘림, 안뜨기6, 2/2 RPC 교차뜨기, *안뜨기10, 2/2 RPC 교차뜨기*를 왼손 바늘에 14코 남을 때까지 반복, 안뜨기11, 실을 편물 앞에 두고 3코걸러뜨기. (총 379코)

10단(안면): 겉뜨기3, kfb 코늘림, *겉뜨기12, 안뜨기2*를 왼손 바늘에 11코 남을 때까지 반복, 겉뜨기8, 실을 편물 앞에 두고 3코걸러뜨기. (총 380코)

11단(겉면): 겉뜨기3, pfb 코늘림, 안뜨기5, 2/2 RPC 교차뜨기, *안뜨기10, 2/2 RPC 교차뜨기*를 왼손 바늘에 17코 남을 때까지 반복, 안뜨기14, 실을 편물 앞에 두고 3코걸러뜨기. (총 381코)

12단(안면): 겉뜨기3, kfb 코늘림, 겉뜨기3, *겉뜨기12, 안뜨기2*를 왼손 바늘에 10코 남을 때까지 반복, 겉뜨기7, 실을 편물 앞에 두고 3코걸러뜨기. (총 382코)

13단(겉면): 겉뜨기3, pfb 코늘림, 안뜨기6, *2/2 LPC 교차뜨기, 안뜨기10*을 왼손 바늘에 8코 남을 때까지 반복, 안뜨기5, 실을 편물 앞에 두고 3코걸러뜨기. (총 383코)

14단(안면): 겉뜨기3, kfb 코늘림, 겉뜨기2, *겉뜨기12, 안뜨기2*를 왼손 바늘에 13코 남을 때까지 반복, 겉뜨기10, 실을 편물 앞에 두고 3코걸러뜨기. (384코)

15단(겉면): 겉뜨기3, pfb 코늘림, 안뜨기9, *2/2 LPC 교차뜨기, 안뜨기10*을 왼손 바늘에 7코 남을 때까지 반복, 안뜨기4, 실을 편물 앞에 두고 3코걸러뜨기. (총 385코)

16단(안면): 겉뜨기3, kfb 코늘림, 겉뜨기1, *겉뜨기12, 안뜨기2*를 왼손 바늘에 16코 남을 때까지 반복, 겉뜨기13, 편물 앞에 두고 3코걸러뜨기. (총 386코)

17단(겉면): 겉뜨기3, pfb 코늘림, 안뜨기12, *2/2 LPC 교차뜨기, 안뜨기10*을 왼손 바늘에 6코 남을 때까지 반복, 안뜨기3, 실을 편물 앞에 두고 3코걸러뜨기. (총 387코)

18단(안면): 겉뜨기3, kfb 코늘림, 겉뜨기12, *안뜨기2, 겉뜨기12*를 왼손 바늘에 7코 남을 때까지 반복, 겉뜨기4, 편물 앞에 두고 3코걸러뜨기. (총 388코)

19단(겉면): 겉뜨기3, pfb 코늘림, 안뜨기15, *2/2 LPC 교차뜨기, 안뜨기10*을 왼손 바늘에 5코 남을 때까지 반복, 안뜨기2, 실을 편물 앞에 두고 3코걸러뜨기. (총 389코)

20단(안면): 겉뜨기3, kfb 코늘림, 겉뜨기11, *안뜨기2, 겉뜨기12*를 왼손 바늘에 10코 남을 때까지 반복, 겉뜨기7, 편물 앞에 두고 3코걸러뜨기. (총 390코)

21단(겉면): 겉뜨기3, pfb 코늘림, 안뜨기18, *2/2 LPC 교차뜨기, 안뜨기10*을 왼손 바늘에 4코 남을 때까지 반복, 안뜨기1, 실을 편물 앞에 두고 3코걸러뜨기. (총 391코)

22단(안면): 겉뜨기3, kfb 코늘림, 겉뜨기10, *안뜨기2, 겉뜨기12*를 왼손 바늘에 13코 남을 때까지 반복, 겉뜨기10, 실을

편물 앞에 두고 3코걸러뜨기. 색상A를 자른다. (총 392코)

섹션10 - 물결모양 가장자리

1단(겉면): 색상B를 사용해서: 겉뜨기3, kfb 코늘림, 단코표시링 건다, *겉뜨기4, (바늘비우기, 겉뜨기1)을 8회 반복, 겉뜨기4*, *~*를 왼손 바늘에 4코 남을 때까지 반복, 단코표시링 건다, 겉뜨기1, 실을 편물 앞에 두고 3코걸러뜨기. (총 585코)

단코표시링을 만나면 오른손 바늘로 옮기며 진행한다.

2단(안면): 겉뜨기3, kfb 코늘림, 왼손 바늘에 3코 남을 때까지 겉뜨기, 실을 편물 앞에 두고 3코걸러뜨기. 색상B를 자르지 않는다. (총 586코)

3단(겉면): 색상C를 사용해서: 겉뜨기3, kfb 코늘림, 왼손 바늘에 3코 남을 때까지 겉뜨기, 실을 편물 앞에 두고 3코걸러뜨기. (총 587코)

4단(안면): 겉뜨기3, kfb 코늘림, 왼손 바늘에 3코 남을 때까지 겉뜨기, 실을 편물 앞에 두고 3코걸러뜨기. 색상C를 자르지 않는다. (총 588코)

스트라이프를 뜨는 동안 가장자리에 색상B와 색상C를 계속 가져간다.

5단(겉면): 색상B를 사용해서: 겉뜨기3, kfb 코늘림, 단코표시링까지 겉뜨기, 단코표시링 옮긴다, *왼코줄임을 4회 반복, (바늘비우기, 겉뜨기1)을 8회 반복, 왼코줄임을 4회 반복*, *~*을 단코표시링까지 반복, 단코표시링 옮긴다, 왼손 바늘에 3코 남을 때까지 겉뜨기, 실을 편물 앞에 두고 3코걸러뜨기. (1코 늘어남)

6단(안면): 겉뜨기3, kfb 코늘림, 왼손 바늘에 3코 남을 때까지 겉뜨기, 실을 편물 앞에 두고 3코걸러뜨기. (1코 늘어남)

7단(겉면): 색상C를 사용해서: 겉뜨기3, kfb 코늘림, 왼손 바늘에 3코 남을 때까지 겉뜨기, 실을 편물 앞에 두고 3코걸러뜨기. (1코 늘어남)

8단(안면): 겉뜨기3, kfb 코늘림, 왼손 바늘에 3코 남을 때까지 겉뜨기, 실을 편물 앞에 두고 3코걸러뜨기. (1코 늘어남)

5~8단을 3회 더 반복, 그 결과 색상별로 5개의 스트라이프가 생긴다. (총 604코)

색상B를 자른다.

마무리

다음 겉면 단에서 아이코드 코막음 기법으로 색상C를 사용해서 모든 코를 코막음한다.

아이코드 코막음: 색상C를 사용해서: *겉뜨기2, 꼬아뜨기로 왼코줄임, 왼손 바늘에 3코를 옮긴다*, *~*를 6코 남을 때까지 반복한다. 오른손 바늘에 처음 3코를 그냥 두고, 왼손 바늘의 마지막 3코를 꽈배기바늘에 옮겨 방향을 바꾸고, 왼손 바늘로 다시 옮겨 안뜨기 볼록한 부분이 서로 마주 보고 두 바늘이 모두 오른쪽을 가리키도록 한다. 실끝을 20㎝ 정도 남기고 자른다. 남은 실을 사용해서 메리야스잇기 기법으로 남은 6코를 잇는다.

아이코드 연결에 도움이 필요하다면 다음 동영상을 참고한다.
youtu.be/7yn6-iH2P_M

실을 정리한다. 편물이 매끈하게 펴지도록 완성된 숄을 적셔서 블로킹한다.

아미나
AMINA

"아미나 스웨터에 대한 영감은 (저의 배색 디자인 대부분이 그러하듯이) 아프리카 원주민의 직물 패턴에 대한 연구에서 시작되었습니다. 저는 토착 패턴에 다이아몬드 모양을 사용하는 것에 흥미를 느끼고, 키르디족 여성이 착용하는 구슬로 만든 음부가리개에서 볼 수 있듯 기하학적 다이아몬드 요소가 모양과 색 모두 아름다운 조합으로 배열되는 방법을 좋아합니다. 키르디족은 카메룬 북부 고지대와 나이지리아 동부, 차드 남서부에서 농사를 짓던 소수 민족입니다.

저는 다이아몬드에 질감과 색을 더하고 싶었는데 코리워스티드 실이 코의 윤곽을 분명히 해주는 게 아주 좋았습니다. 저는 모든 색을 좋아하기 때문에 색을 고르기가 어려웠어요! 하지만 저는 특히 콕코라는 색상과 사랑에 빠졌고, 어떤 조합을 사용하든 이 색을 넣어야 한다는 것을 알았습니다. 이 디자인 작업은 정말 즐거웠어요. 시험 삼아 떠본 색에 따라 매번 다르게 보이는 것이 좋았습니다."

사이즈
1 (2, 3, 4, 5, 6) (7, 8, 9, 10)
권장 여유분: 10~15㎝ 플러스 여유분. 사진 속 오리지널 샘플은 사이즈3. 두 번째 샘플 (21, 25쪽)은 크롭 길이에 사이즈5.

완성 치수
가슴둘레: 85 (96.5, 106.5, 116, 127.5, 137) (147, 157, 169, 177.5)㎝
진동 중심에서 잰 옆선 길이:
크롭 버전: 20.25㎝(모든 사이즈)
기본 버전: 31.25㎝(모든 사이즈)
어깨까지 길이:
크롭 버전: 35.5 (37, 38, 39, 40, 41) (42, 43, 44, 45)㎝
기본 버전: 47 (48, 49, 50, 51, 52) (53, 54, 55, 56)㎝
드롭숄더 길이: 6 (6, 7, 8, 9, 11) (11, 11, 11, 11)㎝
네크라인 깊이: 7.5㎝(모든 사이즈)
소매길이(소맷단에서 진동 중심까지): 44 (44, 43, 43, 40, 40) (37.5, 37.5, 34, 34)㎝
위팔둘레: 32 (34, 36, 38, 40, 42) (44, 46, 48, 50)㎝
손목둘레: 20 (22, 22, 22, 22, 22) (24, 24, 25.5, 25.5)㎝

재료
실: 라비앵 에메의 코리워스티드(포클랜드 코리데일 울 75%, 고틀란드 울 25%, 230m – 100g)
크롭 버전(21, 25쪽 참고):
바탕실: 모리아 3 (3, 3, 4, 4, 4) (4, 5, 5, 5)타래
배색실1: 샌드스톤 1 (1, 1, 1, 1, 1) (1, 1, 2, 2)타래
배색실2: 스톤 1 (1, 1, 1, 1, 1) (1, 1, 1, 2)타래
배색실3: 아부안 1 (1, 1, 1, 1, 1) (1, 1, 1, 1)타래
혹은 워스티드 굵기 실 약 819 (906, 996, 1112, 1193, 1318) (1407, 1496, 1578, 1670)m
기본 버전(이 장 참고):
바탕실: 스모크 3 (3, 4, 4, 4, 5) (5, 5, 5, 5)타래
배색실1: 콕코 1 (1, 1, 1, 1, 1) (2, 2, 2, 2)타래
배색실2: 헤겔리아 1 (1, 1, 1, 1, 1) (1, 2, 2, 2)타래
배색실3: 벨 로제 1 (1, 1, 1, 1, 1) (1, 1, 1, 2)타래
혹은 워스티드 굵기 실 약 905 (1004, 1102, 1226, 1315, 1466) (1564, 1664, 1753, 1857)m.
바늘: 80㎝ 길이의 4㎜ 줄바늘, 80㎝ 길이의 3.25㎜ 줄바늘
부자재: 꽈배기바늘, 단코표시링 2개, 안전핀 1개 혹은 자투리실, 돗바늘

아미나 스웨터

게이지
21코×32단=10×10㎝ / 4㎜ 바늘로 메리야스뜨기, 블로킹 후 잰 치수
36코 24단 무늬 반복은 17.5×7.25㎝

약어
2/2 LCLeft Cross 교차뜨기: 2코를 꽈배기바늘에 옮겨 편물 앞에 두고, 겉뜨기2, 꽈배기바늘의 2코 겉뜨기

스페셜 기법

겹단
지시한 길이까지 겹단 넥밴드를 뜬다. 여분의 줄바늘을 사용해서, 넥밴드 코줍기한 코 안쪽 가닥을 줍는다. 넥밴드를 접는다, 이때 왼손 바늘의 코가 여분 바늘의 주운 가닥과 나란하게 한다. 4㎜ 바늘을 사용해서, 왼손 바늘의 첫 번째 코와 여분 바늘의 가닥을 함께 겉뜨기한다. 다음 코와 가닥도 동일하게 반복한다. 4㎜ 오른손 바늘의 첫 번째 코를 두 번째 코 위로 덮어씌운다. 모든 코를 코막음할 때까지 동일하게 반복한다. 실을 자르고 마지막 코 속으로 통과시킨다.

무늬
스트라이프무늬 고무뜨기
1단(겉면): 배색실3을 사용해서, 단 끝까지 겉뜨기한다.
2단(안면): *겉뜨기2, 안뜨기2*, *~*를 단 끝까지 반복한다.
1~2단을 배색실2 그리고 이어서 배색실1로 반복한다.
이 6단이 고무뜨기 무늬가 된다. 도안에서 지시하는 길이만큼 반복한다.

주의
무늬를 뜰 때, 각 색상의 실은 각각의 볼 혹은 보빈에 감아 사용한다. 구멍이 생기지 않도록 편물 안면에서 실을 서로 꼬아준다. 도안은 겉면 단에서는 오른쪽에서 왼쪽으로, 안면 단에서는 왼쪽에서 오른쪽으로 읽는다. 처음부터 끝까지 메리야스뜨기 각 단의 첫 번째 코는 실을 편물 앞에 두고 안뜨기하듯이 걸러뜨기하고, 마지막 코는 처음부터 끝까지 겉뜨기한다. 그러면 가장자리가 깔끔해진다. 소매를 몸판에 이을 때 작업하기 쉽게, 뜨는 동안 앞판과 뒤판 편물의 진동 길이에서 단코 표시링을 건다. 실끝은 편물 안면에서 각각 해당 색상의 코에 정리한다. 실을 정리하면서 느슨한 코를 당겨 편물의 겉면을 더 보기 좋게 만들 수 있다. 뒤판과 소매는 실 색상을 다양하게 할 수 있는데, 색상이 일정하도록 타래를 번갈아 뜬다. 겹단 넥밴드 코막음에서는 느슨하게 코막음할 수 있게 본 뜨개에서 사용한 호수의 바늘을 사용한다.

만드는 법
아미나 스웨터는 두 가지 길이로(크롭 버전 / 기본 버전) 제공되며 인타시어 디자인이다. 앞판, 뒤판, 소매는 각각 평뜨기한 다음, 세 편물을 메리야스잇기 기법으로 꿰맨다. 스웨터는 드롭 소매에 플러스 여유분이 있다.

뒤판
**바탕실과 3.25㎜ 바늘을 사용해서, 선호하는 기법으로 100 (112, 124, 136, 148, 156) (168, 180, 192, 204)코 만든다.

고무뜨기 1단(겉면): 1코걸러뜨기, 겉뜨기2, *안뜨기2, 겉뜨기2*, *~*를 왼손 바늘에 1코 남을 때까지 반복, 겉뜨기1.
고무뜨기 2단(안면): 1코걸러뜨기, 안뜨기2, *겉뜨기2, 안뜨기2*, *~*를 왼손 바늘에 1코 남을 때까지 반복, 겉뜨기1.
이 2코고무뜨기로 크롭 버전에서는 4.5㎝ 뜨고, 기본 버전에서는 6.5㎝ 뜨는데, 마지막으로 뜨는 단이 겉면 단이 되도록 맞춘다.

이제 다음과 같이 코줄임한다:

사이즈1만 해당
코줄임 단(안면): 1코걸러뜨기, 안뜨기3, *안뜨기로 2코모아뜨기, 안뜨기8*을 9회 반복, 안뜨기로 2코모아뜨기, 안뜨기3, 겉뜨기1. (10코 줄어듦)
90 (–, –, –, –, –) (–, –, –, –)코 남음

사이즈2만 해당
코줄임 단(안면): 1코걸러뜨기, 안뜨기4, 안뜨기로 2코모아뜨기, 안뜨기10, *안뜨기로 2코모아뜨기, 안뜨기9*를 7회 반복, 안뜨기로 2코모아뜨기, 안뜨기10, 안뜨기로 2코모아뜨기, 안뜨기3, 겉뜨기1. (10코 줄어듦)
– (102, –, –, –, –) (–, –, –, –)코 남음

사이즈3과 5만 해당
코줄임 단(안면): 1코걸러뜨기, 안뜨기4, *안뜨기로 2코모아뜨기, 안뜨기8*을 4 (3)회 반복, *안뜨기로 2코모아뜨기, 안뜨기9*를 3 (7)회 반복, *안뜨기로 2코모아뜨기, 안뜨기8*

을 4 (3)회 반복, 안뜨기로 2코모아뜨기, 안뜨기3, 겉뜨기1.
[- (-, 12, -, 14, -) (-, -, -, -)코 줄어듦]
- (-, 112, -, 134, -) (-, -, -, -)코 남음

사이즈4만 해당
코줄임 단(안면): 1코걸러뜨기, 안뜨기3, *안뜨기로 2코모아뜨기, 안뜨기8*을 5회 반복, *안뜨기로 2코모아뜨기, 안뜨기7*을 3회 반복, *안뜨기로 2코모아뜨기, 안뜨기8*을 5회 반복, 안뜨기로 2코모아뜨기, 안뜨기2, 겉뜨기1. (14코 줄어듦)
- (-, -, 122, -, -) (-, -, -, -)코 남음

사이즈6만 해당
코줄임 단(안면): 1코걸러뜨기, 안뜨기6, *안뜨기로 2코모아뜨기, 안뜨기14*를 3회 반복, *안뜨기로 2코모아뜨기, 안뜨기13*을 3회 반복, *안뜨기로 2코모아뜨기, 안뜨기14*를 3회 반복, 안뜨기로 2코모아뜨기, 안뜨기5, 겉뜨기1. (12코 줄어듦)
- (-, -, -, -, 146) (-, -, -, -)코 남음

사이즈7과 9만 해당
코줄임 단(안면): 1코걸러뜨기, 안뜨기4, *안뜨기로 2코모아뜨기, 안뜨기10*을 13 (15)회 반복, 안뜨기로 2코모아뜨기, 안뜨기4, 겉뜨기1. [- (-, -, -, -, -) (14, -, 16, -)코 줄어듦]
- (-, -, -, -, -) (154, -, 176, -)코 남음

사이즈8과 10만 해당
코줄임 단(안면): 1코걸러뜨기, 안뜨기4, *안뜨기로 2코모아뜨기, 안뜨기10*을 2 (3)회 반복, *안뜨기로 2코모아뜨기, 안뜨기9*를 11회 반복, *안뜨기로 2코모아뜨기, 안뜨기10*을 2 (3)회 반복, 안뜨기로 2코모아뜨기, 안뜨기3, 겉뜨기1. [- (-, -, -, -, -) (-, 14, -, 18)코 줄어듦]
- (-, -, -, -, -) (-, 164, -, 186)코 남음**

모든 사이즈
4mm 바늘로 바꿔 겉면 단에서 시작한다. 편물이 코잡은 가장자리에서 재서, 크롭 버전은 34.5 (35.5, 37.5, 39, 40, 41) (42, 43, 44, 45)㎝가 될 때까지, 기본 버전은 45.5 (46.5, 48.5, 50, 51, 52) (53, 54, 55, 56)㎝가 될 때까지 메리야스뜨기하는데, 마지막으로 뜨는 단이 안면 단이 되도록 끝낸다. 이제 편물을 나눠 네크라인과 어깨 모양을 만들 것이다.

네크라인과 어깨 모양 만들기
중요한 주의사항: 시작하기 전에 전체 섹션을 주의 깊게 읽는다, 그리고 반드시 자신이 선택한 사이즈의 지시사항을 따른다.

왼쪽 네크라인과 어깨 모양 만들기 *사이즈1 ~ 3*
이제 앞판 중심 코를 코막음할 것이다.
다음 단(겉면): 이미 만들어진 무늬대로 35 (40, 44, -, -, -) (-, -, -, -)코 뜬다, 왼코줄임, 방금 뜬 36 (41, 45, -, -, -) (-, -, -, -)코를 안전핀이나 자투리실로 옮겨 쉼코로 둔다—오른쪽 어깨. 다음 16 (18, 20, -, -, -) (-, -, -, -)코를 코막음한다, 왼코줄임, 이미 만들어진 무늬대로 35 (40, 44, -, -, -) (-, -, -, -)코 뜬다.
다음 단(안면): 단 끝까지 이미 만들어진 무늬대로 뜬다.
36 (41, 45, -, -, -) (-, -, -, -)코

사이즈1, 2만 해당
다음 단(겉면): 왼코줄임, 단 끝까지 이미 만들어진 무늬대로 뜬다. (1코 줄어듦)
다음 단(안면): 단 끝까지 이미 만들어진 무늬대로 뜬다.
35 (40, -, -, -, -) (-, -, -, -)코 남음

사이즈1, 2, 3 해당
이제 다음과 같이 네크라인 코줄임하는 동시에 어깨 코를 코막음할 것이다:
1단(겉면): 왼코줄임, 단 끝까지 이미 만들어진 무늬대로 뜬다. (1코 줄어듦)
2단(안면): 3 (4, 3, -, -, -) (-, -, -, -)코 코막음한다, 단 끝까지 이미 만들어진 무늬대로 뜬다.
31 (35, 41, -, -, -) (-, -, -, -)코 남음
1~2단을 5 (5, 6, -, -, -) (-, -, -, -)회 더 반복한다.
11 (10, 17, -, -, -) (-, -, -, -)코 남음

사이즈1, 2만 해당
계속해서 다음과 같이 어깨 가장자리에서만 코막음한다:
다음 안면 단들 시작에서 3 (4, -, -, -, -) (-, -, -, -)코 코막음을 3 (1, -, -, -, -) (-, -, -, -)회 반복, 이어지는 안면 단들 시작에서 2코 코막음을 1 (3, -, -, -, -) (-, -, -, -)회 반복한다.
0 (0, -, -, -, -) (-, -, -, -)코 남음

아미나 스웨터

사이즈3만 해당
1단(겉면): 왼코줄임, 단 끝까지 이미 만들어진 무늬대로 뜬다. 1코 줄어듦.
다음 단(안면): − (−, 4, −, −, −) (−, −, −, −)코 코막음한다, 단 끝까지 이미 만들어진 무늬대로 뜬다.
− (−, 12, −, −, −) (−, −, −, −)코 남음
계속해서 다음과 같이 어깨 가장자리에서만 코막음한다:
다음 안면 단들 시작에서 − (−, 4, −, −, −) (−, −, −, −)코 코막음을 − (−, 3, −, −, −) (−, −, −, −)회 반복한다.
− (−, 0, −, −, −) (−, −, −, −)코 남음

오른쪽 네크라인과 어깨 모양 만들기 *사이즈1 ~ 3*
편물의 안면이 보이는 상태에서, 쉼코로 두었던 36 (41, 45, −, −, −) (−, −, −, −)코를 4㎜ 바늘에 옮기고 실을 연결한다.
다음 단(안면): 단 끝까지 이미 만들어진 무늬대로 뜬다.

사이즈1, 2만 해당
다음 단(겉면): 왼손 바늘에 2코 남을 때까지 이미 만들어진 무늬대로 뜬다, 왼코줄임. 1코 줄어듦.
다음 단(안면): 단 끝까지 이미 만들어진 무늬대로 뜬다.
35 (40, −, −, −, −) (−, −, −, −)코 남음

사이즈1, 2, 3 해당
이제 다음과 같이 네크라인 코줄임하는 동시에 어깨 코를 코막음할 것이다:
1단(겉면): 3 (4, 3, −, −, −) (−, −, −, −)코 코막음한다, 왼손 바늘에 2코 남을 때까지 이미 만들어진 무늬대로 뜬다, 왼코줄임. 31 (35, 41, −, −, −) (−, −, −, −)코 남음
2단(안면): 단 끝까지 이미 만들어진 무늬대로 뜬다.
1~2단을 5 (5, 6, −, −, −) (−, −, −, −)회 더 반복한다.
11 (10, 17, −, −, −) (−, −, −, −)코 남음

사이즈1, 2만 해당
계속해서 다음과 같이 어깨 가장자리에서만 코막음한다:
다음 겉면 단들 시작에서 3 (4, −, −, −, −) (−, −, −, −)코 코막음을 3 (1, −, −, −, −) (−, −, −, −)회 반복, 그리고 이어지는 겉면 단들 시작에서 2코 코막음을 1 (3, −, −, −, −) (−, −, −, −)회 반복한다.
0 (0, −, −, −, −) (−, −, −, −)코

사이즈3만 해당
1단(겉면): − (−, 4, −, −, −) (−, −, −, −)코 코막음한다, 왼손 바늘에 2코 남을 때까지 이미 만들어진 무늬대로 뜬다, 왼코줄임.
− (−, 12, −, −, −) (−, −, −, −)코 남음
2단(안면): 단 끝까지 이미 만들어진 무늬대로 뜬다.
계속해서 다음과 같이 어깨 가장자리에서만 코막음한다:
다음 겉면 단들 시작에서 − (−, 4, −, −, −) (−, −, −, −)코 코막음을 − (−, 3, −, −, −) (−, −, −, −)회 반복한다.
− (−, 0, −, −, −) (−, −, −, −)코

왼쪽 네크라인과 어깨 모양 만들기 *사이즈4~10*
이제 어깨 모양 만들기를 시작할 것이다.
다음 단(겉면): 3코 코막음한다, 단 끝까지 이미 만들어진 무늬대로 뜬다. (3코 줄어듦)
다음 단(안면): 3코 코막음한다, 단 끝까지 이미 만들어진 무늬대로 뜬다. (3코 줄어듦)
− (−, −, 116, 128, 140) (148, 158, 170, 180)코 남음
겉면 단과 안면 단을 − (−, −, 0, 1, 5) (5, 5, 5, 5)회 더 반복한다.
− (−, −, 116, 122, 110) (118, 128, 140, 150)코 남음
이제 네크라인 중심을 코막음하고, 다음과 같이 네크라인 가장자리에서 코줄임하고 계속해서 어깨 가장자리를 코막음할 것이다:
다음 단(겉면): 3코 코막음한다, 이미 만들어진 무늬대로 − (−, −, 44, 45, 38) (42, 47, 52, 55)코 뜬다, 방금 뜬 − (−, −, 44, 45, 38) (42, 47, 52, 55)코를 안전핀이나 자투리실에 옮겨 쉼코로 둔다—오른쪽 어깨. 다음 − (−, −, 25, 29, 31) (32, 32, 34, 38)코를 코막음한다, 그리고 단 끝까지 이미 만들어진 무늬대로 뜬다.
− (−, −, 44, 45, 38) (41, 46, 51, 54)코 남음

1단(안면): 3코 코막음한다, 단 끝까지 이미 만들어진 무늬대로 뜬다. (3코 줄어듦)
2단(겉면): − (−, −, 3, 3, 3) (4, 4, 4, 4)코 코막음한다, 단 끝까지 이미 만들어진 무늬대로 뜬다.
1~2단을 1회 더 반복하고, 1단을 1회 더 뜬다.
− (−, −, 29, 30, 23) (24, 29, 34, 37)코 남음
다음 단(겉면): 왼코줄임, 단 끝까지 이미 만들어진 무늬대로 뜬다. (1코 줄어듦)
다음 단(안면): − (−, −, 3, 3, 2) (3, 3, 3, 3)코 코막음한다, 단 끝까지 이미 만들어진 무늬대로 뜬다.
− (−, −, 25, 26, 20) (20, 25, 30, 33)코 남음

겉면 단과 안면 단을 - (-, -, 1, 2, 4) (2, 2, 2, 3)회 더 반복한다.
- (-, -, 21, 18, 8) (12, 17, 22, 21)코 남음

사이즈10만 해당
다음 단(겉면): 왼코줄임, 단 끝까지 이미 만들어진 무늬대로
뜬다. (1코 줄어듦)
다음 단(안면): - (-, -, -, -, -) (-, -, -, 4)코 코막음한다, 단
끝까지 이미 만들어진 무늬대로 뜬다.
- (-, -, -, -, -) (-, -, -, 16)코 남음

사이즈4, 5, 6, 7, 8, 9, 10 해당
계속해서 이미 만들어진 무늬대로 뜨면서 다음과 같이 안면
단에서만 어깨 가장자리에서 코막음한다:
다음 단 시작에서 그리고 이어지는 - (-, -, 6, 5, 3) (5, 4, 1,
3)번의 안면 단 시작에서 - (-, -, 3, 3, 2) (2, 3, 3, 4)코 코막
음한다.
- (-, -, 0, 0, 0) (0, 2, 16, 0)코 남음

사이즈8, 9만 해당
다음 단 시작에서 그리고 이어지는 - (-, -, 0, 0, 0) (0, 0, 3,
0)번의 안면 단 시작에서 - (-, -, 0, 0, 0) (0, 2, 4, 0)코 코막
음한다.
- (-, -, 0, 0, 0) (0, 0, 0, 0)코

오른쪽 네크라인과 어깨 모양 만들기 *사이즈4~10*
편물의 겉면이 보이는 상태에서, 쉼코로 두었던 - (-, -, 44,
45, 38) (42, 47, 52, 55)코를 4mm 바늘에 옮겨 실을 연결하고
다음과 같이 뜬다:

1단(안면): - (-, -, 3, 3, 3) (4, 4, 4, 4)코 코막음한다, 단 끝
까지 이미 만들어진 무늬대로 뜬다.
2단(겉면): 3코 코막음한다, 단 끝까지 이미 만들어진 무늬대
로 뜬다. (3코 줄어듦)
1~2단을 1회 더 반복하고, 1단을 1회 더 뜬다.
- (-, -, 29, 30, 23) (24, 29, 34, 37)코 남음
코줄임 단(겉면): - (-, -, 3, 3, 2) (3, 3, 3, 3)코 코막음한다,
왼손 바늘에 2코 남을 때까지 이미 만들어진 무늬대로 뜬다,
왼코줄임.
- (-, -, 25, 26, 20) (20, 25, 30, 33)코 남음
다음 단(안면): 단 끝까지 이미 만들어진 무늬대로 뜬다.
겉면 단과 안면 단을 - (-, -, 1, 2, 4) (3, 2, 2, 3)회 더 반복한다.

- (-, -, 21, 18, 8) (12, 17, 22, 21)코 남음

사이즈10만 해당
다음 단(겉면): - (-, -, -, -, -) (-, -, -, 4)코 코막음한다, 왼
손 바늘에 2코 남을 때까지 이미 만들어진 무늬대로 뜬다, 왼
코줄임. (1코 줄어듦)
- (-, -, -, -, -) (-, -, -, 16)코 남음
다음 단(안면): 단 끝까지 이미 만들어진 무늬대로 뜬다.

사이즈4, 5, 6, 7, 8, 9, 10 해당
계속해서 무늬대로 뜨는데, 다음과 같이 네크라인 가장자리
에서는 평단으로 뜨고 겉면 단 어깨 가장자리에서만 코막음
한다:
다음 단 시작에서 그리고 이어지는 - (-, -, 6, 5, 3) (5, 4, 1,
3)번의 겉면 단 시작에서 - (-, -, 3, 3, 2) (2, 3, 3, 4)코 코막
음한다.
- (-, -, 0, 0, 0) (0, 2, 16, 0)코 남음

사이즈8, 9만 해당
다음 단 시작에서 그리고 이어지는 - (-, -, 0, 0, 0) (0, 0, 3,
0)번의 겉면 단 시작에서 - (-, -, 0, 0, 0) (0, 2, 4, 0)코 코막
음한다.
- (-, -, 0, 0, 0) (0, 0, 0, 0)코

앞판

모든 사이즈
뒤판 **~**을 동일하게 뜬다. 총 90 (102, 112, 122, 134,
144) (154, 164, 176, 186)코.
4.0mm 바늘로 바꾼다.
주의! 달리 지시사항이 없으면 도안에 표시되지 않은 코는 모
두 바탕실로 뜬다.

1단(겉면): 1코걸러뜨기, 겉뜨기9 (15, 2, 7, 13, 17) (5, 10, 16,
3), 단코표시링 건다, 필요할 때 실을 바꿔가며 도안 1단을 2
(2, 3, 3, 3, 4) (4, 4, 4, 5)회 반복, 단코표시링 건다, 단 끝까
지 겉뜨기한다.
2단(안면): 1코걸러뜨기, 단코표시링까지 안뜨기, 단코표시
링 옮긴다. 단코표시링까지 도안의 다음 단을 뜬다, 단코표시
링 옮긴다. 왼손 바늘에 1코 남을 때까지 안뜨기, 겉뜨기1. 계
속해서 모든 단 첫 번째 코는 걸러뜨기하고 마지막 코는 겉뜨
기하며 도안에서 지시하는 대로 실을 바꿔가면서 이미 만들

아미나 스웨터

어진 무늬대로 뜬다. 편물이 코잡은 가장자리에서 재서 크롭 버전은 30 (31, 33, 35, 37, 40) (41, 42, 43, 44)㎝가 될 때까지, 기본 버전은 41 (42, 44, 46, 48, 51) (52, 53, 54, 55)㎝가 될 때까지 진행하는데, 마지막으로 뜨는 단이 안면 단이 되도록 맞춘다.

네크라인과 어깨 모양 만들기
다음 단(겉면): 이미 만들어진 무늬대로 35 (40, 44, 48, 52, 58) (61, 66, 71, 74)코 뜬다, 왼코줄임, 방금 뜬 36 (41, 45, 49, 53, 59) (62, 67, 72, 75)코를 안전핀이나 자투리실에 옮겨 쉼코로 둔다—왼쪽 앞판. 다음 16 (18, 20, 22, 26, 26) (28, 28, 30, 34)코 코막음한다, 왼코줄임, 그리고 이미 만들어진 무늬대로 35 (40, 44, 48, 52, 58) (61, 66, 71, 74)코 뜬다. 총 36 (41, 45, 49, 53, 59) (62, 67, 72, 75)코.
이제 오른쪽 네크라인과 어깨 36 (41, 45, 49, 53, 59) (62, 67, 72, 75)코를 가지고 작업할 것이다.
다음 단(안면): 단 끝까지 이미 만들어진 무늬대로 뜬다.

오른쪽 네크라인과 어깨 모양 만들기
1단(겉면): 왼코줄임, 단 끝까지 이미 만들어진 무늬대로 뜬다. (1코 줄어듦)
2단(안면): 단 끝까지 이미 만들어진 무늬대로 뜬다.
1~2단을 6 (6, 6, 4, 3, 0) (0, 0, 0, 0)회 더 반복한다.
29 (34, 38, 44, 49, 58) (61, 66, 71, 74)코 남음

중요한 주의사항: 반드시 자신이 선택한 사이즈의 지시사항을 따른다.

사이즈1, 2만 해당
4단을 평단으로 뜨는데, 마지막으로 뜨는 단이 안면 단이 되도록 끝낸다. 이제 다음과 같이 어깨 가장자리에서만 코막음할 것이다:
1단(겉면): 단 끝까지 이미 만들어진 무늬대로 뜬다.
2단(안면): 3코 코막음한다, 단 끝까지 이미 만들어진 무늬대로 뜬다. (3코 줄어듦)
1~2단을 8 (5, -, -, -, -) (-, -, -, -)회 더 반복한다.
2 (16, -, -, -, -) (-, -, -, -)코 남음
다음 단(겉면): 단 끝까지 이미 만들어진 무늬대로 뜬다.
다음 단(안면): 2 (4, -, -, -, -) (-, -, -, -)코 코막음한다, 단 끝까지 이미 만들어진 무늬대로 뜬다.
겉면 단과 안면 단을 0 (3, -, -, -, -) (-, -, -, -)회 더 반복

한다.
0 (0, -, -, -, -) (-, -, -, -)코

사이즈3, 4, 5, 6, 7, 8, 9, 10만 해당
1단(겉면): 왼코줄임, 단 끝까지 이미 만들어진 무늬대로 뜬다. (1코 줄어듦)
2단(안면): 3코 코막음한다, 단 끝까지 이미 만들어진 무늬대로 뜬다. (3코 줄어듦)
1~2단을 - (-, 0, 4, 6, 8) (11, 12, 12, 12)회 더 반복한다.
- (-, 34, 24, 21, 22) (13, 14, 19, 22)코 남음

사이즈3, 4, 5, 8, 9만 해당
다음 단(겉면): 단 끝까지 이미 만들어진 무늬대로 뜬다.
다음 단(안면): - (-, 3, 3, 3, -) (-, 3, 3, -)코 코막음한다, 단 끝까지 이미 만들어진 무늬대로 뜬다.
겉면 단과 안면 단을 - (-, 5, 7, 6, -) (-, 3, 0, -)회 더 반복한다.
- (-, 16, 0, 0, -) (-, 2, 16, -)코 남음

사이즈3, 8, 9만 해당
매 안면 단 시작에서 - (-, 4, -, -, -) (-, 2, 4, -)코 코막음을, - (-, 4, -, -, -) (-, 1, 4, -)회 반복한다.
- (-, 0, -, -, -) (-, 0, 0, -)코

사이즈6, 7, 10만 해당
1단(겉면): 왼코줄임, 단 끝까지 이미 만들어진 무늬대로 뜬다. (1코 줄어듦)
2단(안면): - (-, -, -, -, 2) (2, -, -, 4)코 코막음한다, 단 끝까지 이미 만들어진 무늬대로 뜬다.
1~2단을 - (-, -, -, -, 3) (0, -, -, 1)회 더 반복한다.
- (-, -, -, -, 10) (10, -, -, 12)코 남음
계속해서 이미 만들어진 무늬대로 뜨는데, 어깨 가장자리에서만 코막음한다. 매 안면 단 시작에서 - (-, -, -, -, 2) (2, -, -, 4)코 코막음을 - (-, -, -, -, 3) (5, -, -, 3)회 반복한다.
- (-, -, -, -, 0) (0, -, -, 0)코

왼쪽 네크라인과 어깨 모양 만들기
편물의 안면이 보이는 상태에서, 쉼코로 두었던 36 (41, 45, 49, 53, 59) (62, 67, 72, 75)코를 4.0㎜ 바늘로 옮긴다. 실을 연결해서 다음과 같이 1단을 뜬다:

다음 단(안면): 단 끝까지 이미 만들어진 무늬대로 뜬다.

이제 다음과 같이 모양 만들기를 시작한다:
1단(겉면): 왼손 바늘에 2코 남을 때까지 이미 만들어진 무늬대로 뜬다, 왼코줄임. (1코 줄어듦)
2단(안면): 단 끝까지 이미 만들어진 무늬대로 뜬다.
1~2단을 6 (6, 6, 4, 3, 0) (0, 0, 0, 0)회 더 반복한다.
29 (34, 38, 44, 49, 58) (61, 66, 71, 74)코

사이즈1, 2만 해당
4단을 평단으로 뜨는데, 마지막으로 뜨는 단이 안면 단이 되도록 맞춘다. 이제 다음과 같이 어깨 가장자리에서만 코막음할 것이다:
1단(겉면): 3코 코막음한다, 단 끝까지 이미 만들어진 무늬대로 뜬다. (3코 줄어듦)
2단(안면): 단 끝까지 이미 만들어진 무늬대로 뜬다.
1~2단을 8 (5, –, –, –, –) (–, –, –, –)회 더 반복한다.
2 (16, –, –, –, –) (–, –, –, –)코 남음
다음 단(겉면): 2 (4, –, –, –, –) (–, –, –, –)코 코막음한다, 단 끝까지 이미 만들어진 무늬대로 뜬다.
다음 단(안면): 단 끝까지 이미 만들어진 무늬대로 뜬다.
겉면 단과 안면 단을 0 (3, –, –, –, –) (–, –, –, –)회 더 반복한다.

사이즈3, 4, 5, 6, 7, 8, 9, 10만 해당
1단(겉면): 3코 코막음한다, 왼손 바늘에 2코 남을 때까지 이미 만들어진 무늬대로 뜬다, 왼코줄임. (4코 줄어듦)
2단(안면): 단 끝까지 이미 만들어진 무늬대로 뜬다.
1~2단을 – (–, 0, 4, 6, 8) (11, 12, 12, 12)회 더 반복한다.
– (–, 34, 24, 21, 22) (13, 14, 19, 22)코 남음

사이즈3, 4, 5, 8, 9만 해당
다음 단(겉면): – (–, 3, 3, 3, –) (–, 3, 3, –)코 코막음한다, 단 끝까지 이미 만들어진 무늬대로 뜬다.
다음 단(안면): 단 끝까지 이미 만들어진 무늬대로 뜬다.
겉면 단과 안면 단을 – (–, 5, 7, 6, –) (–, 3, 0, –)회 더 반복한다.
– (–, 16, 0, 0, –) (–, 2, 16, –)코 남음
계속해서 이미 만들어진 무늬대로 뜨는데, 어깨 가장자리에서만 모양을 만든다. 모든 코 코막음할 때까지, 매 겉면 단 시작에서 – (–, 4, 0, 0, –) (–, 2, 4, –)코 코막음한다.

사이즈6, 7, 10만 해당

1단(겉면): – (–, –, –, –, 2) (2, –, –, 4)코 코막음한다, 왼손 바늘에 2코 남을 때까지 이미 만들어진 무늬대로 뜬다, 왼코줄임, 단 끝까지 이미 만들어진 무늬대로 뜬다.
2단(안면): 단 끝까지 이미 만들어진 무늬대로 뜬다.
1~2단을 – (–, –, –, –, 3) (0, –, –, 1)회 더 반복한다.
– (–, –, –, –, 10) (10, –, –, 12)코 남음
계속해서 이미 만들어진 무늬대로 뜨는데, 어깨 가장자리에서만 모양을 만든다. 모든 코 코막음할 때까지 매 겉면 단 시작에서 – (–, –, –, –, 2) (2, –, –, 4)코 코막음한다.

소매(2개 만든다)
바탕실과 3.25mm 바늘을 사용해서, 선호하는 기법으로 44 (48, 48, 48, 48, 48) (52, 52, 56, 56)코 만든다. 이제 배색실만 사용해서, 스트라이프무늬 고무뜨기로 5cm 뜨는데, 지시대로 색을 바꿔가며 진행하고, 마지막으로 뜨는 단이 안면 단이 되도록 맞춘다. 4.0mm 바늘과 바탕실로 바꾼다. 매 단 첫 번째 코는 걸러뜨기하고 마지막 코는 겉뜨기하며 메리야스뜨기로 8단 뜨는데, 마지막으로 뜨는 단이 안면 단이 되도록 맞춘다.

코늘림 단(겉면): 1코걸러뜨기, 겉뜨기1, m1r 코늘림, 왼손 바늘에 2코 남을 때까지 겉뜨기, m1l 코늘림, 겉뜨기2. (2코 늘어남)
계속해서 매 단 첫 번째 코는 걸러뜨기하고 마지막 코는 겉뜨기하며 7 (7, 5, 5, 3, 3) (3, 3, 1, 1)단 메리야스뜨기한다.
마지막 8 (8, 6, 6, 4, 4) (4, 4, 2, 2)단―코늘림 단과 평단―을 11 (11, 7, 15, 5, 11) (15, 21, 4, 10)회 더 반복한다. 총 68 (72, 64, 80, 60, 72) (84, 96, 66, 78)코.

사이즈3, 5, 6, 7, 9, 10만 해당
코늘림 단 뜬다, 그리고 – (–, 7, –, 5, 5) (5, –, 3, 3)단 뜬다. (2코 늘어남)
마지막 – (–, 8, –, 6, 6) (6, –, 4, 4)단―코늘림 단과 평단―을, – (–, 5, –, 11, 7) (3, –, 16, 13)회 더 반복한다. 총 – (–, 76, –, 84, 88) (92, –, 100, 106)코.

모든 사이즈
더 이상 코늘림하지 않고, 소매 편물이 코잡은 가장자리에서 재서 44 (44, 43, 43, 40, 40) (37.5, 37.5, 34, 34)cm가 될 때까지 메리야스뜨기하는데, 마지막으로 뜨는 단이 안면 단이 되도록 맞춘다.
모든 코 코막음한다.

아미나 스웨터

마무리
실을 정리한다. 편물을 적셔서 치수에 맞춰 블로킹하고 완전히 마르게 둔다. 앞판 편물을 뒤판 어깨에 연결한다.

넥밴드
편물의 겉면이 보이는 상태에서, 좁은 둘레를 원통뜨기하기에 적당한 길이의 3.25㎜ 줄바늘과 바탕실을 사용해서, 왼쪽 어깨 솔기에서 시작해, 앞판 왼쪽 네크라인을 따라 내려가며 34 (34, 35, 35, 36, 37) (37, 37, 37, 37)코 줍는다, 앞판 중심 네크라인을 따라 16 (18, 20, 22, 26, 28) (30, 30, 30, 34)코 줍는다, 앞판 오른쪽 네크라인을 따라 올라가며 34 (34, 35, 35, 36, 37) (37, 37, 37, 37)코 줍는다, 뒤판 오른쪽 네크라인을 따라 내려가며 18 (18, 21, 21, 22, 23) (23, 23, 23, 23)코 줍는다, 뒤판 중심 네크라인을 따라가며 16 (18, 20, 22, 26, 28) (30, 30, 30, 34)코 줍는다, 뒤판 왼쪽 네크라인을 따라 올라가며 18 (18, 21, 21, 22, 23) (23, 23, 23, 23)코 줍는다. 단 시작 표시링을 걸고 원통으로 연결한다. 넥밴드 총 136 (140, 152, 156, 168, 176) (180, 180, 180 188)코.

1단: *겉뜨기2, 안뜨기2*를 단 끝까지 반복한다. 1단을 넥밴드가 5㎝, 접어서 2.5㎝가 될 때까지 반복한다.

마무리
어깨의 시작에서 측정해서 위팔둘레 절반 위치에 단코표시링을 앞판과 뒤판 가장자리에 걸어 진동을 표시한다. 옆선 솔기와 소매 솔기를 꿰맨다. 소매산의 중심이 어깨 솔기의 중심과 일치하도록 소매를 연결한다. 실을 정리하고 솔기와 넥밴드를 블로킹한다.

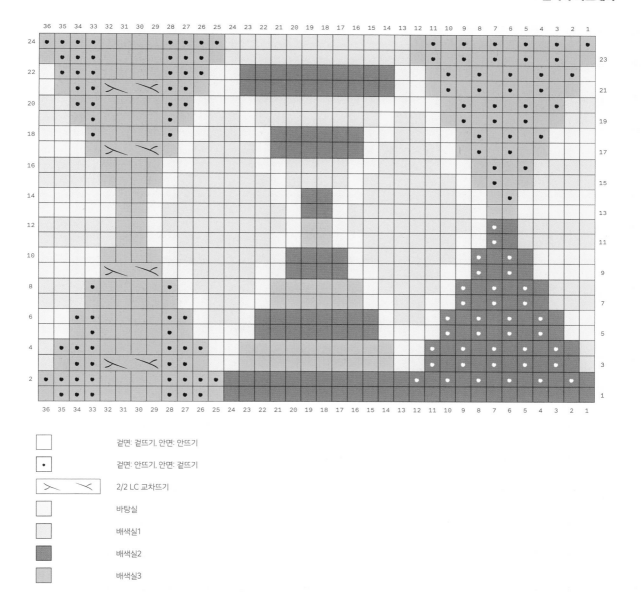

	겉면: 겉뜨기, 안면: 안뜨기
•	겉면: 안뜨기, 안면: 겉뜨기
⟩⟨	2/2 LC 교차뜨기
	바탕실
	배색실1
	배색실2
	배색실3

사이즈
단일 사이즈

완성 치수
둘레: 61㎝
높이: 24.75㎝

재료
실: 라비앙 에메의 코리워스티드(포클랜드 코리데일 울 75%, 고틀란드 울25%, 230m
– 100g)
바탕실: 스모크 1타래
배색실: 콕코 1타래
배색실2: 헤겔리아 1타래
배색실3: 벨 로제 1타래
혹은 워스티드 굵기의 바탕실 60m, 배색실1 44m, 배색실2 51m, 배색실3 49m
샘플에서 사용한 실:
바탕실: 스모크 26g
배색실1: 콕코 19g
배색실2: 헤겔리아 22g
배색실3: 벨 로제 21g
바늘: 80㎝ 길이의 4㎜ 줄바늘 혹은 장갑바늘
부자재: 꽈배기바늘, 단코표시링, 돗바늘

게이지
21코×32단=10×10㎝ / 4㎜ 바늘로 메리야스뜨기, 블로킹 후 잰 치수
36코 24단 무늬는 17.5×7.25㎝

약어
2/2 LC 교차뜨기: 2코를 꽈배기바늘에 옮겨 편물 앞에 두고, 겉뜨기2, 꽈배기바늘의 2코
겉뜨기
2/2 RC 교차뜨기: 2코를 꽈배기바늘에 옮겨 편물 뒤에 두고, 겉뜨기2, 꽈배기바늘의
2코 겉뜨기
3/3 LC 교차뜨기: 3코를 꽈배기바늘에 옮겨 편물 앞에 두고, 겉뜨기3, 꽈배기바늘의 3코
겉뜨기

아미나 스웨터

스페셜 기법

인타시어 원통뜨기
첫 번째 겉면 인타시어 단을 바늘비우기로 시작한다, 그리고 1코 남을 때까지 뜬다, 단 시작의 바늘비우기와 마지막 코를 오른코줄임으로 함께 뜬다. 이렇게 하면 바늘비우기 코가 마지막 코 뒤에 있게 된다. 그 코와 바늘비우기 코를 함께 겉뜨기한다.

편물을 뒤집는다, 바늘비우기, 1코가 남을 때까지 안면 단을 뜬다, 단 시작의 바늘비우기 코와 마지막 코를 안면에서 오른코줄임으로 함께 뜬다(2코를 함께 뜰 때 바늘비우기 코는 앞쪽에 있어야 한다).

계속해서 배색이 끝날 때까지 동일한 방법으로 진행한다. 그 후에 평범한 원통뜨기로 돌아온다.

주의
인타시어 무늬에서, 각 색상의 실은 각각의 볼이나 보빈에 감아 사용한다. 구멍이 생기지 않게 편물 안면에서 실을 서로 꼬아준다. 도안은 겉면 단에서는 오른쪽에서 왼쪽으로, 안면 단에서는 왼쪽에서 오른쪽으로 읽는다. 인타시어를 원통뜨기로 뜰 때, 단 시작 표시링을 쓰는 것보다 바늘비우기 코를 만드는 것이 더 도움이 된다. 실을 정리할 때, 느슨한 코를 살짝 당겨서 편물의 겉면을 더 보기 좋게 만들 수 있다.

만드는 법
아미나 카울은 아미나 스웨터를 뜨고 남은 실을 사용해 스웨터를 보완하도록 디자인되었다. 스트라이프, 멍석뜨기, 교차뜨기 다이아몬드 무늬로 이루어진 인타시어 무늬는 원통뜨기 인타시어 기법으로 뜬다.

고무뜨기
바탕실을 사용해서, 독일식/옛 노르웨이식 일반코잡기longtail cast-on 혹은 자신이 선호하는 잘 늘어나는 코잡기 기법으로 128코 만든다. 코가 꼬이지 않도록 조심하며, 원통으로 잇고 단 시작 부분에 표시링을 건다.
고무뜨기 단: *겉뜨기2, 안뜨기2*, *~*를 단 끝까지 반복한다.
고무뜨기 단을 7회 더 반복한다.

스트라이프 섹션 시작
배색실3으로 바꾼다.
1단: 단 끝까지 겉뜨기한다.
2~4단: 1단을 반복한다.
배색실2로 바꾼다.
5~8단: 단 끝까지 겉뜨기한다.
배색실1로 바꾼다.
9단: 단 끝까지 겉뜨기한다.
10단: 단 끝까지 안뜨기한다.
11~12단: 9~10단을 반복한다.
배색실3으로 바꾼다.
13~14단: 9~10단을 반복한다.
배색실2로 바꾼다.
15~16단: 9~10단을 반복하고 마지막 단에서 단코표시링을 제거한다.

인타시어
1단(겉면): 바늘비우기, 도안 1단을 2회 반복하는데, 필요할 때 색을 바꾸며, 왼손 바늘에 1코 남을 때까지 뜬다, 마지막 코와 단 시작의 바늘비우기 코를 함께 오른코줄임한다. 편물을 안면 단으로 뒤집는다.
2단(안면): 바늘비우기, 도안 다음 단을 왼손 바늘에 1코 남을 때까지 뜬다, 마지막 코와 단 시작의 바늘비우기 코를 함께 안면에서 오른코줄임한다. 편물을 뒤집는다.
계속해서 인타시어 원통뜨기 기법으로, 도안에서 지시하는 대로 색을 바꿔가며, 도안 30단을 완성할 때까지 이미 만들어진 무늬대로 뜬다.

스트라이프 섹션
단 시작 표시링을 건다.
배색실2로 바꾼다.
1단: 단 끝까지 겉뜨기한다.
2단: 단 끝까지 안뜨기한다.
배색실3으로 바꾼다.
3~4단: 1~2단을 반복한다.
배색실1로 바꾼다.
5~8단: 1~2단을 2회 반복한다.
배색실2로 바꾼다.
9~12단: 단 끝까지 겉뜨기한다.
배색실3으로 바꾼다.
13~16단: 9~12단을 반복한다.

고무뜨기
바탕실로 바꿔 앞서 한 2코고무뜨기로 8단 뜬다.
4.0㎜ 바늘로 고무뜨기하면서 느슨하게 모든 코를 코막음한다.

마무리
실을 정리하고, 편물을 적셔 치수에 맞춰 블로킹하고 완전히
마르도록 둔다.

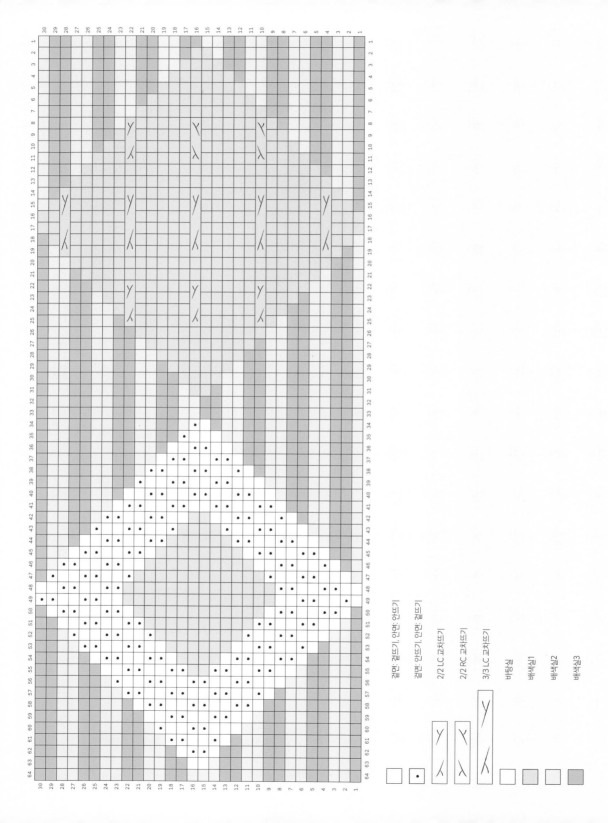

앤드리아
ANDREA

"옷장 속은 종종 새로운 스웨터 디자인의 영감을 주는 곳입니다. 저는 항상 옷장에 있는 드레스와 상의에 어울리는 완벽한 카디건을 뜨고자 합니다. 입고 벗기 편한 핏에 완벽한 길이감을 찾아보세요! 물론 주머니도 있어야겠죠. 이 카디건은 여밈이 없어 오픈해서 입는데, 작은 교차뜨기와 방울뜨기로 떠서 충분히 멋을 낼 수 있습니다."

사이즈
1 (2, 3, 4, 5) (6, 7, 8)
권장 여유분: 15~25.5cm 플러스 여유분

완성 치수
가슴둘레: 100.5 (111, 122, 133, 143.5) (153.5, 164.5, 175.5)cm
진동 중심에서 잰 몸판 길이: 33cm
위팔둘레: 30.5 (33, 39.5, 42, 48) (49.5, 52, 53.5)cm
손목둘레: 21.5 (23.5, 23.5, 25.5, 25.5) (25.5, 25.5, 25.5)cm
소매길이: 39.5cm

재료
실: 라비앵 에메의 코리워스티드(포클랜드 코리데일 울 75%, 고틀란드 울25%, 230m – 100g) 옐로브릭로드(노랑) 혹은 윈터펠(파랑) 5 (6, 6, 7, 8) (8, 9, 9)타래, 혹은 워스티드 굵기의 실 1045 (1171, 1355, 1474, 1701) (1820, 1963, 2071)m
바늘: 80~100cm 길이의 5mm 줄바늘, 좁은 둘레를 뜨는 바늘(매직루프 기법용 혹은 장갑바늘), 바늘 3개를 이용한 코막음 기법에 쓸 여분의 바늘
80~100cm 길이의 4mm 줄바늘, 좁은 둘레를 뜨는 바늘(매직루프 기법용 혹은 장갑바늘)
부자재: 코바늘(모사용 6호 권장), 단코표시링, 여분의 바늘 혹은 자투리실, 꽈배기바늘, 돗바늘

게이지
19코×28단=10×10cm / 5mm 바늘로 메리야스뜨기 평뜨기, 블로킹 후 잰 치수

약어
( ): 반복
BCBack Cross **교차뜨기**(아래쪽 안뜨기): 꽈배기바늘에 1코 옮겨 편물 뒤에 두고, 꼬아뜨기로 겉뜨기1, 꽈배기바늘의 1코 안뜨기
FCFront Cross **교차뜨기**(아래쪽 안뜨기): 꽈배기바늘에 1코 옮겨 편물 앞에 두고, 안뜨기1, 꽈배기바늘의 1코 꼬아뜨기로 겉뜨기

스페셜 기법
긴뜨기 방울뜨기: 방금 뜬 코와 왼손 바늘의 다음 코 사이 가로줄에 코바늘을 넣어, 한 가닥을 당겨온다, *바늘에 실을 감는다, 바늘을 넣어 한 가닥을 당겨온다*, *~*를 2회 더 반복, 바늘에 7가닥이 있다, 바늘에 실을 감아 7개 가닥 사이로 빼낸다, 꽉 잡아당긴다. 사슬 1코를 만들어 방울을 마무리한다. 방울의 마지막 코를 왼손 바늘로 옮긴다.

긴뜨기 방울뜨기 동영상 강의:
youtu.be/HXK7vsWClXI

감아코잡기

1. 작업 중이던 실을 왼손 엄지에 감는다
2. 오른손 바늘을 사용해 왼손 엄지 밑에 있는 실 아래로 지나가서, 왼손 엄지 위쪽 실 위로 지나간다
3. 오른손 바늘의 방금 만들어낸 코를 잡아당긴다
4. 1~3단계를 반복해 필요한 콧수를 만든다

감아코잡기 동영상 강의:
youtu.be/dDfrvqQBGbE

케이블코잡기

1. 왼손 바늘의 첫 번째 코와 두 번째 코 사이에 오른손 바늘을 넣는다
2. 겉뜨기하는 것처럼 실을 감아 빼낸다
3. 새로 만든 코를 왼손 바늘에 놓고 단단히 잡아당긴다

4. 1~3단계를 반복해 필요한 콧수를 만든다

케이블코잡기 동영상 강의:
youtu.be/M0EX-lpMY_0

바늘 3개를 이용한 코막음 동영상 강의:
youtu.be/GxS0CHERNfk

메리야스 편물 세로 잇기

1. 편물의 겉면이 보이는 상태로 두 개의 편물을 나란히 놓는다, 솔기는 편물의 바닥에서 코막음한 가장자리까지 이어질 것이다
2. 각 편물의 바닥에 있는 첫 번째 코와 두 번째 코를 살짝 떨어뜨려 코 사이의 가로줄을 드러나게 한다
3. 돗바늘에 실을 꿰어, 코 사이의 가로줄을 줍고 15㎝ 정도

실끝을 남기고 당겨 편물을 연결한다
4. 각 편물에서 전에 연결했던 코 위에 있는 첫 번째 코와 두 번째 코를 살짝 떨어뜨려 코 사이의 가로줄을 드러나게 한다, 그리고 편물의 바닥에서 꼭대기까지 가로줄을 줍는다
5. 편물이 서로 꼭 맞을 때까지 실을 당긴다
6. 4~5단계를 양쪽 편물의 마주 보는 코가 모두 연결될 때까지 반복, 솔기를 따라 세로로 부드럽게 잡아당겨 단단한 장력을 유지한다

메리야스 편물 세로 잇기 동영상 강의:
youtu.be/M6XcEPw2_R8

주의
도안은 오른쪽 아래 모서리에서 시작해서 읽는다. 겉면 단은 오른쪽에서 왼쪽으로 뜨고 안면 단은 왼쪽에서 오른쪽으로 뜬다. 스웨터 몸판의 각 단은 3코 아이코드로 시작하고 끝낸다.

이 스웨터는 아래에서 위로 올라가며 뜬다. 만약 스웨터 몸판 길이를 늘리고 싶다면, 진동에서 앞판과 뒤판을 나누기 전에 원하는 길이만큼 계속 무늬를 뜰 수 있다. 이렇게 하면 실 사용량이 많아지는 것을 주의한다. 교차무늬 밑단은 작아 보일 수 있지만, 블로킹하면 예쁘게 변할 것이다.

만드는 법
앤드리아는 기하학적 질감과 착용하기 쉬운 오픈 스타일링으로 어떤 의상에도 잘 어울리도록 설계되었다.

카디건은 예쁜 주머니 안감으로 시작한다! 그러고 나서 카디건의 몸판을 밑단에서 진동까지 위로 올라가며 뜨고, 앞판과 뒤판으로 나눈 다음 3개의 바늘을 이용한 코막음 기법으로 어깨에서 마무리한다. 소매 코는 진동 트임에서 코를 주워 소맷단까지 내려 뜬다.

주머니 안감(2개 만든다)
몸판 뜨는 바늘(5mm 권장)을 사용해서 일반코잡기 기법으로 32코 만든다. 원통으로 연결하지 않는다.
안감 편물이 코잡은 가장자리에서 재서 18.5cm가 될 때까지 겉면 단에서는 겉뜨기하고 안면 단에서는 안뜨기하면서 메리야스뜨기하는데, 마지막으로 뜨는 단이 안면 단이 되도록 맞춘다.
다음 단(겉면/코줄임): 오른코줄임, 왼손 바늘에 2코 남을 때까지 겉뜨기, 왼코줄임 (2코 줄어듦, 30코 남음)

남은 코를 자투리실, 여분의 바늘 혹은 안전핀에 옮겨 쉼코로 둔다. 두 번째 주머니 안감도 동일하게 뜬다.

밑단
몸판 뜨는 바늘을 사용해서 일반코잡기 기법으로 188 (208, 228, 248, 268) (288, 308, 328)코 만든다. 원통으로 연결하지 않는다.

1~5단: 왼손 바늘에 3코 남을 때까지 겉뜨기, 실을 편물 앞에 두고 3코걸러뜨기.

무늬 반복
모든 방울(긴뜨기 방울)은 방금 뜬 코와 바늘의 다음 코 사이 가로줄에 작업한다. 자세한 내용은 기법 설명을 참고한다.
무늬 반복 도안을 참고해서 밑단을 뜰 때, 도안의 처음 4코를 뜨는 것으로 각 단을 시작한다, 그리고 단의 남은 부분은 왼손 바늘에 4코 남을 때까지 도안의 20코(6~15, 17~26칼럼)를 반복해서 뜬다, 도안의 마지막 4코를 뜬다. 붙여 뜨는 아이코드 가장자리는 이 4코에 포함된다.
1(겉면)~25단을 1회 뜬다.
2~25단을 1회 더 뜬다.
2~4단을 1회 더 뜬다.
주머니 연결하기 부분으로 간다.

또는 다음의 서술형 풀이를 따른다.

세팅 단1(겉면): 겉뜨기3, 안뜨기6, *(꼬아뜨기로 겉뜨기1, 안뜨기1)을 2회, 꼬아뜨기로 겉뜨기2, (안뜨기1, 꼬아뜨기로 겉뜨기1)을 2회, 안뜨기10*, *~*을 왼손 바늘에 19코 남을 때까지 반복, (꼬아뜨기로 겉뜨기1, 안뜨기1)을 2회, 꼬아뜨기로 겉뜨기2, (안뜨기1, 꼬아뜨기로 겉뜨기1)을 2회, 안뜨기6, 실을 편물 앞에 두고 3코걸러뜨기.
2단(그리고 모든 안면 단): 겉뜨기3, 계속해서 왼손 바늘에 3코 남을 때까지 모든 겉뜨기 코는 겉뜨기하고 안뜨기 코는 안뜨기하는데 모두 꼬아뜨기, 실을 편물 앞에 두고 3코걸러뜨기.
3단: 겉뜨기3, 안뜨기6, *(꼬아뜨기로 겉뜨기1, 안뜨기1)을 2회, 꼬아뜨기로 겉뜨기1, 긴뜨기 방울뜨기, 방울의 남은 코와 그 옆의 코를 함께 꼬아뜨기로 왼코줄임, (안뜨기1, 꼬아뜨기로 겉뜨기1)을 2회, 안뜨기10*, *~*을 왼손 바늘에 19코 남을 때까지 반복, (꼬아뜨기로 겉뜨기1, 안뜨기1)을 2회, 꼬아뜨기로 겉뜨기1, 긴뜨기 방울뜨기, 방울의 남은 코와 그 옆의 코를 함께 꼬아뜨기로 왼코줄임, (안뜨기1, 꼬아뜨기로 겉뜨기1)

을 2회, 안뜨기6, 실을 편물 앞에 두고 3코걸러뜨기.

5단: 겉뜨기3, 안뜨기5, *BC 교차뜨기 3회, FC 교차뜨기 3회, 안뜨기8*, *~*을 왼손 바늘에 20코 남을 때까지 반복, BC 교차뜨기 3회, FC 교차뜨기 3회, 안뜨기5, 실을 편물 앞에 두고 3코걸러뜨기.

7단: 겉뜨기3, 안뜨기4, *BC 교차뜨기 3회, 안뜨기2, FC 교차뜨기 3회, 안뜨기6*, *~*을 왼손 바늘에 21코 남을 때까지 반복, BC 교차뜨기 3회, 안뜨기2, FC 교차뜨기 3회, 안뜨기4, 실을 편물 앞에 두고 3코걸러뜨기.

9단: 겉뜨기3, 안뜨기3, *BC 교차뜨기 3회, 안뜨기4, FC 교차뜨기 3회, 안뜨기4*, *~*를 왼손 바늘에 22코 남을 때까지 반복, BC 교차뜨기 3회, 안뜨기4, FC 교차뜨기 3회, 안뜨기3, 실을 편물 앞에 두고 3코걸러뜨기.

11단: 겉뜨기3, 안뜨기2, *BC 교차뜨기 3회, 안뜨기6, FC 교차뜨기 3회, 안뜨기2*, *~*를 왼손 바늘에 23코 남을 때까지 반복, BC 교차뜨기 3회, 안뜨기6, FC 교차뜨기 3회, 안뜨기2, 실을 편물 앞에 두고 3코걸러뜨기.

13단: 겉뜨기3, 안뜨기1, *BC 교차뜨기 3회, 안뜨기8, FC 교차뜨기 3회*, *~*를 왼손 바늘에 4코 남을 때까지 반복, 안뜨기1, 실을 편물 앞에 두고 3코걸러뜨기.

15단: 겉뜨기3, 안뜨기1, *긴뜨기 방울뜨기, 방울의 남은 코와 그 옆의 코를 함께 꼬아뜨기로 왼코줄임, (안뜨기1, 꼬아뜨기로 겉뜨기1)을 2회, 안뜨기10, (꼬아뜨기로 겉뜨기1, 안뜨기1)을 2회, 꼬아뜨기로 겉뜨기1*, *~*을 왼손 바늘에 4코 남을 때까지 반복, 긴뜨기 방울뜨기, 방울의 남은 코와 그 옆의 코를 안뜨기로 2코모아뜨기, 실을 편물 앞에 두고 3코걸러뜨기.

17단: 겉뜨기3, 안뜨기1, *FC 교차뜨기 3회, 안뜨기8, BC 교차뜨기 3회*, *~*를 왼손 바늘에 4코 남을 때까지 반복, 안뜨기1, 실을 편물 앞에 두고 3코걸러뜨기.

19단: 겉뜨기3, 안뜨기2, *FC 교차뜨기 3회, 안뜨기6, BC 교차뜨기 3회, 안뜨기2*, *~*를 왼손 바늘에 23코 남을 때까지 반복, FC 교차뜨기 3회, 안뜨기6, BC 교차뜨기 3회, 안뜨기2, 실을 편물 앞에 두고 3코걸러뜨기.

21단: 겉뜨기3, 안뜨기3, *FC 교차뜨기 3회, 안뜨기4, BC 교차뜨기 3회, 안뜨기4*, *~*를 왼손 바늘에 22코 남을 때까지 반복, FC 교차뜨기 3회, 안뜨기4, BC 교차뜨기 3회, 안뜨기3, 실을 편물 앞에 두고 3코걸러뜨기.

23단: 겉뜨기3, 안뜨기4, *FC 교차뜨기 3회, 안뜨기2, BC 교차뜨기 3회, 안뜨기6*, *~*을 왼손 바늘에 21코 남을 때까지 반복, FC 교차뜨기 3회, 안뜨기2, BC 교차뜨기 3회, 안뜨기4, 실을 편물 앞에 두고 3코걸러뜨기.

25단: 겉뜨기3, 안뜨기5, *FC 교차뜨기 3회, BC 교차뜨기 3

회, 안뜨기8*, *~*을 왼손 바늘에 20코 남을 때까지 반복, FC 교차뜨기 3회, BC 교차뜨기 3회, 안뜨기5, 실을 편물 앞에 두고 3코걸러뜨기.

2~25단을 1회 더 반복한다.
2~4단을 1회 더 반복한다.

주머니 연결하기

계속해서 다음과 같이 주머니를 연결한 후 몸판은 앞판 아이코드 밴드까지 올라가며 무늬 반복하고, (아이코드 밴드와 무늬 부분을 제외한) 몸판 나머지 부분은 메리야스뜨기한다: 오른쪽 앞판 도안 5단의 25코 뜬다, 왼손 바늘에 25코 남을 때까지 메리야스뜨기(겉면 단에서는 겉뜨기 & 안면 단에서는 안뜨기)한다, 왼쪽 앞판 도안 5단의 25코 뜬다.

주머니 코막음 단(겉면): 이미 만들어진 무늬대로 25코 뜬다, 겉뜨기4 (4, 14, 14, 14) (24, 24, 34), 다음과 같이 30코 아이코드 코막음한다: 케이블코잡기 기법으로 3코 만든다, *겉뜨기2, 꼬아뜨기로 왼코줄임, 3코를 왼손 바늘로 옮긴다*, *~*를 주머니 코막음 가장자리까지 29회 더 반복, 3코를 왼손 바늘로 옮긴다, 꼬아뜨기로 3코모아뜨기, 겉뜨기1, 첫 번째 코를 두 번째 코 위로 덮어씌워 바늘에서 빼낸다, 왼손 바늘에 59 (59, 69, 69, 69) (79, 79, 89)코 남을 때까지 겉뜨기, 두 번째 주머니 가장자리도 동일하게 30코 코막음한다: 케이블코잡기 기법으로 3코 만든다. *겉뜨기2, 꼬아뜨기로 왼코줄임, 3코를 왼손 바늘로 옮긴다*, *~*를 주머니 코막음 가장자리까지 29회 더 반복, 3코를 왼손 바늘로 옮긴다, 꼬아뜨기로 3코모아뜨기, 겉뜨기1, 첫 번째 코를 두 번째 코 위로 덮어씌워 바늘에서 빼낸다. - 겉뜨기3 (3, 13, 13, 13) (23, 23, 33), 이미 만들어진 무늬대로 단 끝까지 뜬다.

주머니 연결 단(안면): 계속해서 코막음한 구멍까지 이미 만들어진 무늬대로 뜬다, 편물의 안면이 보이는 상태에서 쉼코로 두었던 첫 번째 주머니 안감 코를 왼손 바늘로 옮겨 안뜨기, 다음 코막음한 구멍까지 계속 안뜨기, 두 번째 주머니 안감 코를 첫 번째와 동일하게 뜬다. 이미 만들어진 무늬대로 단 끝까지 뜬다.

몸판 계속 뜨기

계속해서 몸판이 밑단 코잡은 곳에서 재서 33㎝(혹은 원하는 몸판 길이)가 될 때까지 이미 만들어진 무늬대로 뜨는데, 마지막으로 뜨는 단이 안면 단이 되도록 맞춘다.

앞판과 뒤판 분리

오른쪽 앞판

무늬 반복의 어느 단에서 시작했는지 메모해둔다. 나중에 왼쪽 앞판을 뜰 때 어디인지 알 수 있도록.
편물의 겉면이 보이는 상태에서, 이미 만들어진 무늬대로 45 (49, 54, 59, 63) (67, 72, 77)코 뜬다. 감아코잡기 기법으로 8코 만든다. 남은 뒤판과 왼쪽 앞판 코는 여분의 바늘이나 자투리 실을 사용해서 쉼코로 둔다. 편물을 뒤집는다.
오른쪽 앞판 총 53 (57, 62, 67, 71) (75, 80, 85)코.

계속해서 앞판 편물이 새로 만든 코 가장자리에서 재서 15 (16.5, 19.5, 21, 24) (25, 26, 26.5)㎝가 될 때까지 이미 만들어진 무늬대로 진행하는데, 마지막으로 뜨는 단이 겉면 단이 되도록 맞춘다. 쉼코로 두고 실을 자른다. 도안의 어느 단에서 끝냈는지 메모해둔다. 왼쪽 앞판을 뜰 때 어디서 반복을 끝낼지 알 수 있도록.

뒤판

뒤판 98 (110, 120, 130, 142) (154, 164, 174)코를 몸판 뜨는 바늘로 옮긴다[남은 45 (49, 54, 59, 63) (67, 72, 77)코는 쉼코로 둔다—왼쪽 앞판]. 편물의 겉면이 보이는 상태에서 실을 다시 연결해 케이블코잡기 기법으로 8코 만든다, 단 끝까지 겉뜨기, 감아코잡기 기법으로 8코 만든다. 편물을 뒤집는다.
뒤판 총 114 (126, 136, 146, 158) (170, 180, 190)코.

계속해서 뒤판 편물이 새로 만든 코 가장자리에서 재서 15 (16.5, 19.5, 21, 24) (25, 26, 26.5)㎝가 될 때까지 메리야스뜨기하는데, 마지막으로 뜨는 단이 겉면 단이 되도록 맞춘다. 오른쪽 앞판과 단수가 같아야 한다. 쉼코로 두고 실을 자른다.

왼쪽 앞판

쉼코로 두었던 남은 45 (49, 54, 59, 63) (67, 72, 77)코—왼쪽 앞판—를 몸판 뜨는 바늘로 옮긴다. 편물의 겉면이 보이는 상태에서 실을 다시 연결해 케이블코잡기 기법으로 8코 만든다, 새로 만든 코를 겉뜨기하고 이미 만들어진 무늬대로 단 끝까지 뜬다.
왼쪽 앞판 총 53 (57, 62, 67, 71) (75, 80, 85)코.

왼쪽 앞판 편물이 새로 만든 코 가장자리에서 재서 15 (16.5, 19.5, 21, 24) (25, 26, 26.5)㎝가 될 때까지 이미 만들어진 무늬대로 진행하는데, 마지막으로 뜨는 단이 겉면 단이 되도록

맞춘다. 오른쪽 앞판에서 끝냈던 단과 동일한 단이어야 한다. 자투리실이나 여분의 바늘에 옮겨 쉼코로 둔다. 실을 자른다.

어깨와 목 코막음

오른쪽 어깨

스웨터 안면이 밖으로 나오도록 뒤집는다. 뒤판 코가 바늘 한쪽 반에 있고 오른쪽 앞판이 다른 한쪽 반에 있고 89쪽 그림에서 보는 것처럼 서로 평행하도록 (왼쪽 앞판 코는 쉼코로 둔 채) 코를 배열한다:

카디건 앞판 편물의 안면이 보이는 상태에서, 오른쪽 어깨(입었을 때 기준)의 진동 트임에 실을 연결해서, 다음과 같이 3개의 바늘을 이용해 코막음을 시작한다:

바늘 끝을 평행하게 잡고, 세 번째 바늘을 쥐고 바늘 끝을 앞쪽 바늘의 첫 번째 코에 겉뜨기하듯이 넣고 뒤쪽 바늘의 첫 번째 코에 겉뜨기하듯이 넣어, 2코를 함께 겉뜨기한다. *각 바늘의 다음 코를 함께 겉뜨기하고, 오른손 바늘의 두 번째 코 위로 첫 번째 코를 덮어씌운다*, *~*를 오른쪽 앞판 50 (54, 59, 64, 68) (72, 77, 82)코 모두 코막음하고 아이코드 가장자리 3코가 남을 때까지 반복한다. 오른손 바늘에 1코 남는다, 뒤쪽 바늘의 1코 겉뜨기하고 첫 번째 코를 그 위로 덮어씌워 코막음한다. 남은 코를 뒤쪽 바늘에 옮긴다. 아이코드 3코를 뒤쪽 바늘에 옮긴다. 실을 연결한 채 둔다.

왼쪽 어깨

쉼코로 두었던 왼쪽 앞판 코를 바늘로 옮긴다, 그리고 스웨터의 뒤판이 보이는 상태에서, 편물을 89쪽 그림처럼 배열해서 왼쪽 어깨를 코막음한다:

왼쪽 어깨의 진동 트임에 새 실을 연결하고 3개의 바늘을 사용한 코막음 기법으로, 오른쪽 앞판과 동일한 방법으로 아이코드 가장자리 3코 남을때까지 왼쪽 앞판 50 (54, 59, 64, 68) (72, 77, 82)코 모두 코막음한다. 오른손 바늘에 1코 남는다, 뒤쪽 바늘의 1코 겉뜨기하고 첫 번째 코를 그 위로 덮어씌워 코막음한다, 남은 코를 앞쪽 바늘에 옮긴다. 아이코드 3코를 앞쪽 바늘에 옮긴다. 실을 자른다.

뒷목

스웨터 겉면이 밖으로 나오도록 뒤집는다. 바늘에 아이코드 3코, 뒷목 14 (18, 18, 18, 22) (26, 26, 26)코, 그리고 아이코드

3코가 있다, 단 시작의 4번째 코에 여전히 연결돼 있는 실을 이용해서, 다음과 같이 아이코드 코막음한다: *겉뜨기2, 꼬아뜨기로 왼코줄임, 3코를 왼손 바늘로 옮긴다*, *~*를 왼손 바늘에 3코(원래 아이코드 코) 남을 때까지 반복한다. 서로 평행하게 잡을 수 있게 바늘에 코를 다시 배열한다, 실끝을 30.5㎝ 남기고 자른다. 메리야스잇기 기법으로 아이코드를 이어 마무리한다. 실끝을 사용해서 구멍이 있으면 막는다. 실을 정리하고 풀리지 않게 마무리한다.

소매
2개 동일하게 뜬다

편물의 겉면이 보이는 상태에서 메리야스 편물 세로 잇기 기법으로, 앞판 요크에 만든 8코를 뒤판 요크에 만든 8코에 연결해 소매의 첫 부분을 만든다. 몸판을 뜬 바늘을 사용해서 선호하는 작은 둘레 원통뜨기 기법으로, 편물의 겉면이 보이는 상태에서 진동에서 시작해, 실을 연결하고 진동 트임을 따라 58 (62, 74, 78, 90) (92, 98, 100)코 줍는다. 단 시작 표시링을 걸고 원통으로 잇는다.

겉뜨기로 2단 뜬다.

소매 코줄임 단: 겉뜨기1, 왼코줄임, 왼손 바늘에 3코 남을 때까지 겉뜨기, 오른코줄임, 겉뜨기1. (2코 줄어듦)

계속해서 메리야스뜨기하는데 앞의 소매 코줄임 단을 3 (3, 2, 2, 1) (1, 1, 1)㎝마다 8 (8, 14, 14, 20) (17, 20, 21)회 더 반복한다.
18 (18, 30, 30, 42) (36, 42, 44)코 줄어듦
40 (44, 44, 48, 48) (56, 56, 56)코 남음

소매 편물이 진동 중심에서 재서 35.5㎝가 될 때까지 혹은 원하는 소매 총길이에서 4㎝ 모자랄 때까지 평단으로 진행한다.

사이즈6, 7, 8만 해당
마지막 코줄임 단: *겉뜨기5, 왼코줄임*, *~*을 단 끝까지 반복한다. (8코 줄어듦, 48코 남음)

소맷단
고무뜨기 단 뜨는 바늘로 바꾼다.

고무뜨기 단: *겉뜨기2, 안뜨기2*, *~*를 단 끝까지 반복

한다.
계속해서 이미 만들어진 고무뜨기 무늬로 4㎝ 진행한다. 무늬대로 뜨면서 느슨하게 코막음한다.

마무리
주머니 안감을 카디건 안쪽에 꿰맨다. 남은 실을 정리한다. 주의사항의 지시를 참고해서 적셔서 블로킹한다. 실끝을 잘라내고 입으면 된다!

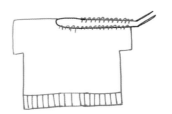

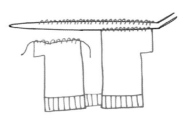

무늬 반복 도안

겉면: 겉뜨기, 안면: 안뜨기
겉면: 실을 편물 앞에 두고 안뜨기하듯이 걸러뜨기 / 안면: 걸러뜨기
겉면: 안뜨기 / 안면: 겉뜨기
긴뜨기 방울뜨기
겉면: 꼬아뜨기로 오른코줄임 / 안면: 안면에서 꼬아뜨기로 오른코줄임
겉면: 안뜨기로 2코모아뜨기 / 안면: 겉뜨기로 2코모아뜨기
겉면: 꼬아뜨기로 겉뜨기 / 안면: 꼬아뜨기로 안뜨기
꼬아뜨기로 왼코줄임
BC 교차뜨기
FC 교차뜨기

오른쪽 앞판

28 27 26 25 24 23 22 21 20 19 18 17 16 15 14 13 12 11 10 9 8 7 6 5 4 3 2 1

왼쪽 앞판

28 27 26 25 24 23 22 21 20 19 18 17 16 15 14 13 12 11 10 9 8 7 6 5 4 3 2 1

스트래티파이드
STRATIFIED

"이 디자인은 계절의 변화 그리고 우리가 각각의 계절과 연결하곤 하는 눈에 띄는 구체적인 색들이 어떻게 존재하는지에 영감을 받았습니다. 저는 특정 계절의 완전한 팔레트를 결합하는 동시에 각 색상이 독립적이기도 한 재미있는 디자인을 원했습니다. 제가 가장 좋아하는 계절인 가을이 오리지널 샘플의 색상 팔레트에 아이디어를 주었습니다. 색상 팔레트에 따라 4계절 중 어떤 계절이든 전달할 수 있다는 아이디어가 마음에 들었어요.

　　　　이 패턴의 컬러블록 디자인은 4개의 스트라이프 반복 안에서 5가지 컬러 배합을 사용합니다. 패턴에서 색상이 전환되는 방식을 통해 특정 색상이 전체적으로 다른 크기의 스트라이프로 나타날 수 있습니다. 래글런 모양은 스트라이프의 깔끔한 라인을 강조하며, 은은한 색감의 조화와 아일릿은 패턴을 돋보이게 하고 뜨개질에 끝까지 집중하게 해줍니다. 이 패턴은 전체 길이를 크롭 또는 풀렝스로 선택할 수 있을 뿐만 아니라 소매길이도 크롭 또는 풀렝스로 나뉘어 니터에게 다양한 마감 옵션을 제공합니다."

사이즈
1 (2, 3, 4, 5) (6, 7, 8, 9)
오리지널 샘플은 사이즈3, 크롭 길이에 크롭 소매. 두 번째 샘플(14쪽 참고)은 사이즈6, 크롭 길이에 크롭 소매.
권장 여유분: 5~12.5㎝의 플러스 여유분

완성 치수
가슴둘레: 83 (90, 101, 110, 120) (130, 140, 151, 160)㎝
넥밴드 둘레: 53 (53, 56, 60, 60) (65, 65, 66.5, 66.5)㎝
진동 중심길이: 19 (20.5, 22, 22.5, 24) (25, 26, 29, 31)㎝
진동 중심에서 밑단까지 길이:
크롭 버전: 21.5 (21.5, 22.5, 22.5, 20.5) (22.5, 23, 23.5, 26)㎝
풀렝스 버전: 31.75 (32.5, 33.5, 33.5, 33) (35, 35.5, 37, 40.5)㎝
몸판 총길이(어깨에서 밑단까지):
크롭 버전: 39 (40, 42.5, 42.5, 42.5) (46, 47.5, 50.5, 55)㎝
풀렝스 버전: 50 (51, 54, 54, 54) (60, 60, 64, 70)㎝
위팔둘레: 29 (31, 34, 36, 38) (41.5, 44, 48, 52)㎝
손목둘레:
크롭 버전: 20.5 (24, 25.5, 25.5, 27) (29, 29, 30.5, 32)㎝
풀렝스 버전: 19 (22, 24, 25.5, 25.5) (27, 27, 29, 30.5)㎝
소매길이:
크롭 버전: 37 (39, 39, 41, 42.5) (43.5, 46, 46, 47.5)㎝
풀렝스 버전: 45 (47.5, 47.5, 50, 50) (50, 52.5, 52.5, 52.5)㎝

재료
실: 라비앙 에메의 코리워스티드(포클랜드 코리데일 울 75%, 고틀란드 울25%, 230m – 100g)
크롭 소매에 크롭 길이
바탕실: 윈터펠 1 (1, 1, 2, 2) (2, 2, 2, 2)타래
배색실1: 아부안 1 (1, 1, 1, 1) (2, 2, 2, 2)타래
배색실2: 던 1 (1, 1, 1, 1) (1, 1, 1, 1)타래
배색실3: 올리브주스 1 (1, 1, 1, 1) (1, 1, 1, 1)타래
배색실4: 러스트 1 (1, 1, 1, 1) (1, 1, 2, 2)타래
긴소매에 풀렝스
바탕실: 윈터펠 1 (1, 2, 2, 2) (2, 2, 2, 2)타래
배색실1: 아부안 1 (1, 1, 2, 2) (2, 2, 2, 2)타래
배색실2: 던 1 (1, 1, 1, 1) (1, 1, 2, 2)타래
배색실3: 올리브주스 1 (1, 1, 1, 1) (2, 2, 2, 2)타래
배색실4: 러스트 1 (1, 1, 1, 1) (2, 2, 2, 2)타래

스트래티파이드 스웨터

혹은 다음과 같은 분량의 워스티드 굵기 실:

크롭 소매에 크롭 길이
바탕실: 171 (188, 207, 231, 254) (271, 291, 314, 335)m
배색실1: 150 (165, 181, 199, 223) (237, 255, 275, 293)m
배색실2: 118 (129, 142, 156, 170) (184, 200, 215, 231)m
배색실3: 129 (141, 155, 171, 186) (202, 222, 238, 253)m
배색실4: 144 (158, 174, 191, 208) (226, 245, 264, 281)m

긴소매에 풀렝스
바탕실: 197 (216, 238, 266, 292) (311, 335, 361, 385)m
배색실1: 173 (190, 208, 229, 256) (273, 294, 317, 338)m
배색실2: 133 (146, 160, 176, 192) (208, 226, 243, 261)m
배색실3: 149 (163, 179, 197, 215) (233, 256, 274, 292)m
배색실4: 155 (170, 186, 205, 224) (242, 263, 283, 302)m

바늘: 40~60cm, 80cm 길이의 4mm 줄바늘, 좁은 둘레(넥밴드와 밑단)를 원통뜨기할 때 필요한 장갑바늘이나 짧은 줄바늘 60cm, 80cm 혹은 더 긴 길이의 5mm 줄바늘, 좁은 둘레(몸판)를 원통뜨기할 때 필요한 장갑바늘이나 짧은 줄바늘
부자재: 단코표시링 4개(1개는 다른 것과 구별되는 것으로), 자투리실, 돗바늘

게이지
18코×25단=10×10cm / 5mm 바늘로 메리야스뜨기 원통뜨기, 블로킹 후 잰 치수

약어
*skp*slip, knit, pass **오른코줄임:** 겉뜨기하듯이 1코걸러뜨기, 겉뜨기1, 걸러뜨기한 코를 겉뜨기한 코 위로 덮어씌운다. (1코 줄어듦)

무늬
2×1 꼬아 고무뜨기
고무뜨기 단: *꼬아뜨기로 겉뜨기2, 안뜨기1*, *~*을 단 끝까지 반복한다.

주의
도안은 스트라이프 뜨는 방법에 대한 전체 지시사항을 포함한다. 그러나 다음의 표는 각 색으로 정확하게 소매 몇 단을 떠야 하는지 보여준다. '무늬가 틀어지지 않는' 스트라이프를 뜨기 위해, 각 스트라이프(새로운 색)의 두 번째 단은 실을 편

소매 스트라이프 가이드										
사이즈	1	2	3	4	5	6	7	8	9	총 단수
스트라이프 1	16	17	19	19	19	19	20	23	25	총 단수
스트라이프 2	5	5	5	5	5	7	7	7	7	총 단수
스트라이프 3	9	9	9	9	9	11	11	11	13	총 단수
스트라이프 4	3	3	3	3	3	3	3	3	3	총 단수

물 뒤에 두고 안뜨기하듯이 1코걸러뜨기로 시작한다.

바탕실로 시작해서 첫 번째 스트라이프를 완성하고, 색상을 배색실1, 배색실2, 배색실3, 배색실 4, 바탕실, 배색실1…로 바꾼다.

만드는 법
이 스웨터는 네크라인에서 시작해, 하나의 편물로 위에서 아래로 내려 뜬다. 전체에 솔기가 없다. 원통으로 기본 넥밴드를 뜬 후 경사뜨기로 래글런 스웨터의 네크라인 모양을 만든다.

넥밴드
바탕실과 40~60cm 길이 4mm 줄바늘을 사용해서, 일반코잡기 기법으로 96 (96, 102, 108, 108) (114, 114, 117, 120)코 만든다. 코가 꼬이지 않도록 조심해서 원통으로 잇고, 단 시작 표시링을 건다.

꼬아 고무뜨기
2×1 꼬아 고무뜨기로 5 (5, 6, 6, 6) (6, 7, 7, 7)단 뜬다.

세팅
바탕실을 자르고 배색실1을 연결한다.

사이즈1~5, 7~9만 해당
1단: *겉뜨기48 (16, 17, 27, 6) (-, 3, 3, 3), m1l 코늘림*, *~*을 단 끝까지 반복한다.
총 98 (102, 108, 112, 126) (-, 152, 156, 160)코

사이즈6만 해당
1단: 겉뜨기9, m1l 코늘림, *겉뜨기6, m1l 코늘림*, *~*을 9코 남을 때까지 반복, 겉뜨기9, m1l 코늘림.

총 – (–, –, –, –) (132, –, –, –)코

모든 사이즈
60㎝ 길이 5㎜ 줄바늘로 바꾼다.

2단: 겉뜨기37 (39, 41, 43, 49) (53, 61, 63, 63)—뒤판, 단코표시링 건다, 겉뜨기11 (12, 12, 13, 13) (13, 15, 15, 16)—오른쪽 소매, 단코표시링 건다, 겉뜨기39 (39, 43, 43, 51) (53, 61, 63, 65)—앞판, 단코표시링 건다, 겉뜨기11 (12, 12, 13, 13) (13, 15, 15, 16)—왼쪽 소매. 단 시작 단코표시링은 왼쪽 어깨 뒤에 있다.

네크라인 모양 만들기(경사뜨기)
주의: 처음 4개의 더블스티치는 오른쪽 소매와 왼쪽 소매 안쪽에서 만들어진다. 마지막 2개의 더블스티치는 앞판 안쪽에서 만들어진다.

1단(겉면): 단코표시링까지 겉뜨기, 단코표시링 옮긴다, 겉뜨기5 (6, 6, 7, 7) (7, 8, 8, 8), 편물을 뒤집는다, 더블스티치 만든다.
2단(안면): 단코표시링까지 안뜨기, 단코표시링 옮긴다, 단 시작 단코표시링까지 안뜨기, 단코표시링 옮긴다, 안뜨기5 (6, 6, 7, 7) (7, 8, 8, 8), 편물을 뒤집는다, 더블스티치 만든다.
3단(겉면): 더블스티치를 만날 때까지 겉뜨기, 더블스티치를 겉뜨기, 단코표시링을 만나면 옮겨가며 단코표시링 1코 전까지 겉뜨기, 편물을 뒤집는다, 더블스티치 만든다.
4단(안면): 더블스티치를 만날 때까지 안뜨기, 더블스티치를 안뜨기, 단코표시링을 만나면 옮겨가며 단코표시링 1코 전까지 안뜨기, 편물을 뒤집는다, 더블스티치 만든다.
5단(겉면): 더블스티치를 만날 때까지 겉뜨기, 더블스티치를 겉뜨기, 단코표시링을 만나면 옮겨가며 단코표시링까지 겉뜨기, 단코표시링 옮긴다, 겉뜨기3 (4, 4, 5, 5) (5, 6, 6, 7), 편물을 뒤집는다, 더블스티치 만든다.
6단(안면): 더블스티치를 만날 때까지 안뜨기, 더블스티치를 안뜨기, 단코표시링을 만나면 옮겨가며 단코표시링까지 안뜨기, 단코표시링 옮긴다, 안뜨기3 (4, 4, 5, 5) (5, 6, 6, 7), 편물을 뒤집는다, 더블스티치 만든다. 단 시작 단코표시링까지 겉뜨기한다.

래글런 모양 만들기
주의: 뒤판, 오른쪽 소매, 앞판, 왼쪽 소매 각각 안쪽에서 2코를 코늘림할 것이다. 필요하면 80㎝ 이상 길이의 5㎜ 줄바늘로 바꾼다.

섹션1: 스트라이프1
1단: 첫 번째 단에서 단코표시링을 만나면 옮기고 더블스티치를 만나면 더블스티치를 겉뜨기하며, 단 끝까지 겉뜨기한다.
2단: *겉뜨기1, m1l 코늘림, 단코표시링 1코 전까지 겉뜨기, m1r 코늘림, 겉뜨기1, 단코표시링 옮긴다*, *~*를 4회 반복한다. (8코 늘어남)

1~2단을 6 (6, 7, 7, 7) (7, 7, 8, 9)회 더 반복, 그리고 1단을 1회 더 반복한다.
이제 총 154 (158, 172, 176, 190) (196, 216, 228, 240)코 있다: 51 (53, 57, 59, 65) (69, 77, 81, 83)코—뒤판, 25 (26, 28, 29, 29) (29, 31, 33, 36)코—양쪽 소매, 53 (53, 59, 59, 67) (69, 77, 81, 85)코—앞판.

섹션1: 스트라이프2
배색실1을 자르고 배색실2를 연결한다.

1단: *겉뜨기1, m1l 코늘림, 단코표시링 1코 전까지 겉뜨기, m1r 코늘림, 겉뜨기1, 단코표시링 옮긴다*, *~*를 4회 반복한다. (8코 늘어남)
2단: 실을 편물 뒤에 두고 안뜨기하듯이 1코걸러뜨기, *꼬아뜨기로 겉뜨기1*, 단코표시링을 만나면 옮겨가면서 *~*을 단 끝까지 반복한다.
3단: 1단을 반복한다. (8코 늘어남)
4단: *꼬아뜨기로 겉뜨기1*, 단코표시링을 만나면 옮겨가면서 *~*을 단 끝까지 반복한다.
5단: 1단을 반복한다. (8코 늘어남)

사이즈6~9만 해당
4~5단을 1회 더 반복한다. (8코 늘어남)

모든 사이즈
이제 총 178 (182, 196, 200, 214) (228, 248, 260, 272)코 있다: 57 (59, 63, 65, 71) (77, 85, 89, 91)코—뒤판, 31 (32, 34, 35, 35) (37, 39, 41, 44)코—양쪽 소매, 59 (59, 65, 65, 73) (77, 85, 89, 93)코—앞판.

섹션1: 스트라이프3
배색실2를 자르고 배색실3을 연결한다.

1단: 겉뜨기1, *실을 편물 뒤에 두고 안뜨기하듯이 1코걸러뜨기, 겉뜨기1*, *~*을 단코표시링까지 반복, 단코표시링 옮긴

다, 단코표시링까지 겉뜨기, 단코표시링 옮긴다, 겉뜨기1, *~*을 단코표시링까지 반복, 단코표시링 옮긴다, 단 끝까지 겉뜨기한다.
2단: 실을 편물 뒤에 두고 안뜨기하듯이 1코걸러뜨기, m1l 코늘림, 단코표시링 1코 전까지 겉뜨기, m1r 코늘림, 겉뜨기1, 단코표시링 옮긴다, *겉뜨기1, m1l 코늘림, 단코표시링 1코 전까지 겉뜨기, m1r 코늘림, 겉뜨기1, 단코표시링 옮긴다*, *~*를 3회 반복한다. (8코 늘어남)
3단: 단코표시링을 만나면 옮겨가며, 단 끝까지 겉뜨기한다.
4단: *겉뜨기1, m1l 코늘림, 단코표시링 1코 전까지 겉뜨기, m1r 코늘림, 겉뜨기1, 단코표시링 옮긴다*, *~*를 4회 반복한다. (8코 늘어남)
3~4단을 3 (3, 3, 3, 3) (4, 4, 4, 5)회 더 반복한다.
이제 총 218 (222, 236, 240, 254) (276, 296, 308, 328)코 있다: 67 (69, 73, 75, 81) (89, 97, 101, 105)코─뒤판, 41 (42, 44, 45, 45) (49, 51, 53, 58)코─양쪽 소매, 69 (69, 75, 75, 83) (89, 87, 101, 107)코 ─앞판.

섹션1: 스트라이프4
배색실3을 자르고 배색실4를 연결한다.

주의: 뒤판과 앞판에서만 아일릿을 작업한다. 소매에는 아일릿이 없다.

1단: 단코표시링을 만나면 옮겨가며 단 끝까지 겉뜨기한다.
2단: [겉뜨기1, m1l 코늘림, 겉뜨기1, *바늘비우기, 왼코줄임*, *~*을 단코표시링 1코 전까지 반복, m1r 코늘림, 겉뜨기1, 단코표시링 옮긴다, 겉뜨기1, m1l 코늘림, 단코표시링 1코 전까지 겉뜨기, m1r 코늘림, 겉뜨기1, 단코표시링 옮긴다]를 2회 반복한다. (8코 늘어남)
3단: 1단을 반복한다.
이제 총 226 (230, 244, 248, 262) (284, 304, 316, 336)코 있다: 69 (71, 75, 77, 83) (91, 99, 103, 107)코─뒤판, 43 (44, 46, 47, 47) (51, 53, 55, 60)코─양쪽 소매, 71 (71, 77, 77, 85) (91, 99, 103, 109)코─앞판.

섹션2: 스트라이프1
배색실4를 자르고 바탕실을 연결한다.

사이즈1만 해당
모양 완성하기 부분으로 건너뛴다.

사이즈2~9만 해당
1단: *겉뜨기1, m1l 코늘림, 단코표시링 1코 전까지 겉뜨기, m1r 코늘림, 겉뜨기1, 단코표시링 옮긴다*, *~*를 4회 반복한다. (8코 늘어남)
2단: 단코표시링을 만나면 옮겨가며, 단 끝까지 겉뜨기한다.
1~2단을 - (1, 3, 4, 6) (7, 8, 9, 10)회 더 반복한다.
이제 총 - (246, 276, 288, 318) (348, 376, 396, 424)코 있다: - (75, 83, 87, 97) (107, 117, 123, 129)코─뒤판, - (48, 54, 57, 61) (67, 71, 75, 82)코─양쪽 소매, - (75, 85, 87, 99) (107, 117, 123, 131)코─앞판.

사이즈 2, 4, 5, 6, 8, 9만 해당
모양 완성하기 부분으로 간다.

사이즈3, 7만 해당
소매 분리 세팅 부분으로 간다.

모양 완성하기
주의: 계속해서 섹션2: 스트라이프1에서 시작한 스트라이프를 이어 뜬다.

사이즈1, 2만 해당
바탕실로 진행 중이다. 소매에서만 2코를 코늘림할 것이다. 뒤판 혹은 앞판에서는 코늘림하지 않는다.

1단: *단코표시링까지 겉뜨기, 단코표시링 옮긴다, 겉뜨기1, m1l 코늘림, 단코표시링 1코 전까지 겉뜨기, m1r 코늘림, 겉뜨기1, 단코표시링 옮긴다*, *~*를 2회 반복한다. (4코 늘어남)
2단: 단코표시링을 만나면 옮겨가며, 단 끝까지 겉뜨기한다.
1~2단을 1 (0, -, -, -) (-, -, -, -)회 더 반복한다.

사이즈 4, 5, 6, 8, 9만 해당
바탕실로 진행 중이다. 뒤판과 앞판에서만 2코를 코늘림할 것이다. 소매에서는 코늘림하지 않는다.
1단: *겉뜨기1, m1l 코늘림, 단코표시링 1코 전까지 겉뜨기, m1r 코늘림, 겉뜨기1, 단코표시링 옮긴다, 단코표시링까지 겉뜨기, 단코표시링 옮긴다*, *~*를 2회 반복한다. (4코 늘어남)
1단을 - (-, -, 1, 0) (0, -, 0, 0)회 더 반복한다.
이제 총 234 (250, 276, 296, 322) (352, 376, 400, 428)코 있다: 69 (75, 83, 91, 99) (109, 117, 125, 131)코─뒤판, 47 (50, 54, 57, 61) (67, 71, 75, 82)코 ─양쪽 소매, 71 (75, 85,

91, 101) (109, 117, 125, 133)코—앞판.

소매 분리 세팅

사이즈 1~3만 해당
바탕실을 사용해서, 메리야스뜨기로 3 (3, 1, -, -) (-, -, -, -)단 평단 진행한다.

모든 사이즈
원하는 진동 길이까지 추가로 단을 더 떠야 한다면, 블로킹 후 단 게이지가 얼마나 바뀔지 염두에 두고, 바탕실을 사용해서 섹션2: 스트라이프1 시작에서 총 15 (16, 18, 18, 18) (18, 19, 22, 24)단을 초과하지 않게 필요한 만큼 더 뜬다.
소매 분리 부분으로 간다.

소매 분리
다음 단: 단코표시링까지 겉뜨기, 단코표시링 제거, 오른쪽 소매 47 (50, 54, 57, 61) (67, 71, 75, 82)코를 자투리실에 옮겨 쉼코로 둔다, 단코표시링 제거, 감아코잡기로 진동에서 5 (6, 7, 8, 8) (8, 9, 11, 12)코 만든다, 단코표시링까지 겉뜨기, 왼쪽 소매 47 (50, 54, 57, 61) (67, 71, 75, 82)코를 자투리실에 옮겨 쉼코로 둔다, 단 시작 표시링 제거, 감아코잡기로 진동에서 3 (3, 4, 4, 4) (4, 4, 5, 6)코 만든다, 단 시작 표시링을 이 새로운 위치에 건다, 진동에서 추가로 2 (3, 3, 4, 4) (4, 4, 5, 6)코 만든다. [몸판 총 150 (162, 182, 198, 216) (234, 252, 272, 288)코]

몸판
바탕실을 사용해서, 편물이 섹션2: 스트라이프1 시작에서 16 (17, 19, 19, 19) (19, 20, 23, 25)단 될 때까지 메리야스뜨기한다. 8 (7, 10, 6, 2) (0, 1, 0, 0)단을 더 뜨는 셈이다.

섹션2: 스트라이프2
바탕실을 자르고 배색실1을 연결한다.
1단: 단 끝까지 겉뜨기한다.
2단: *꼬아뜨기로 겉뜨기1*, *~*을 단 끝까지 반복한다.
3단: 단 끝까지 겉뜨기한다.
2~3단을 1 (1, 1, 1, 1) (2, 2, 2, 2)회 더 반복한다.

섹션2: 스트라이프3
배색실1을 자르고 배색실2를 연결한다.
1단: *실을 편물 뒤에 두고 안뜨기하듯이 1코걸러뜨기, 겉뜨기1*, *~*을 단 끝까지 반복한다.
메리야스뜨기로 8 (8, 8, 8, 8) (10, 10, 10, 12)단 더 뜬다.

섹션2: 스트라이프4(아일릿)
배색실2를 자르고 배색실3을 연결한다.
1단: 단 끝까지 겉뜨기한다.
2단: *바늘비우기, 왼코줄임*, *~*을 단 끝까지 반복한다.
3단: 단 끝까지 겉뜨기한다.

섹션3: 스트라이프1
배색실3을 자르고 배색실4를 연결한다.
1단: 단 끝까지 겉뜨기한다.
2단: 실을 편물 뒤에 두고 안뜨기하듯이 1코걸러뜨기, 단 끝까지 겉뜨기한다.
메리야스뜨기로 14 (15, 17, 17, 17) (17, 18, 21, 23)단 더 뜬다.

몸판 크롭 버전만 해당
밑단 부분으로 간다.

몸판 풀렝스 버전만 해당

섹션3: 스트라이프2
배색실4를 자르고 바탕실을 연결한다.
1단: 단 끝까지 겉뜨기한다.
2단: *꼬아뜨기로 겉뜨기1*, *~*을 단 끝까지 반복한다.
3단: 단 끝까지 겉뜨기한다.
2~3단을 1 (1, 1, 1, 1) (2, 2, 2, 2)회 더 반복한다.

섹션3: 스트라이프3
바탕실을 자르고 배색실1을 연결한다.
1단: *실을 편물 뒤에 두고 안뜨기하듯이 1코걸러뜨기, 겉뜨기1*, *~*을 단 끝까지 반복한다.
메리야스뜨기로 8 (8, 8, 8, 8) (10, 10, 10, 12)단 더 뜬다.

섹션3: 스트라이프4(아일릿)
배색실1을 자르고 배색실2를 연결한다.
1단: 단 끝까지 겉뜨기한다.
2단: *바늘비우기, 왼코줄임*, *~*을 단 끝까지 반복한다.
3단: 단 끝까지 겉뜨기한다.

섹션3: 스트라이프5
배색실2를 자르고 배색실3을 연결한다.

스트래티파이드 스웨터

1단: 단 끝까지 겉뜨기한다.
2단: 실을 편물 뒤에 두고 안뜨기하듯이 1코걸러뜨기, 단 끝까지 겉뜨기한다.
메리야스뜨기로 6 (7, 8, 8, 8) (8, 8, 9, 10)단 더 뜬다.

섹션3: 스트라이프6
배색실3을 자르고 배색실 4를 연결한다.
1단: 단 끝까지 겉뜨기한다.
2단: 실을 편물 뒤에 두고 안뜨기하듯이 1코걸러뜨기, 단 끝까지 겉뜨기한다.
3단: 단 끝까지 겉뜨기한다.
밑단 부분으로 간다.

밑단
몸판 크롭 버전만 해당
배색실 4를 자르고 바탕실을 연결한다.
1단: 단 끝까지 겉뜨기한다.
2단: *바늘비우기, 왼코줄임*, *~*을 단 끝까지 반복한다.
3단: 단 끝까지 겉뜨기한다.

두 가지 버전 모두
80cm 길이의 4mm 줄바늘로 바꾼다.

사이즈1, 2, 4, 5, 6, 7, 9만 해당
다음 단: 단 끝까지 겉뜨기한다.

사이즈3, 8만 해당
다음 단: 겉뜨기 – (–, 87, –, –) (–, –, 132, –), 왼코줄임, 3코 남을 때까지 겉뜨기, skp 오른코줄임, 겉뜨기1. [총 – [–, 180, –, –) (–, –, 270, –)코]

몸판 크롭 버전만 해당
바탕실을 자르고 배색실1을 연결한다.
다음 단: 단 끝까지 겉뜨기한다.
2×1 꼬아고무뜨기로 8 (8, 8, 8, 8) (10, 10, 10, 12)단 뜬다.

몸판 풀렝스 버전만 해당
배색실4를 자르고 바탕실을 연결한다.
다음 단: 단 끝까지 겉뜨기한다.
2×1 꼬아 고무뜨기로 9 (9, 9, 9, 9) (11, 11, 11, 13)단 뜬다.

두 가지 버전 모두
2×1 꼬아 고무뜨기 무늬대로 뜨면서 모든 코 코막음한다. 1코 남았을 때 실을 자르고 남은 코 사이로 통과시켜 풀리지 않게 한다.

소매
쉼코로 두었던 소매 47 (50, 54, 57, 61) (67, 71, 75, 82)코를 줍을 둘레를 뜰 5mm 바늘에 옮긴다. 바탕실을 연결해서, 진동에서 5 (6, 7, 8, 8) (8, 9, 11, 12)코 줍는다, 소매 코와 진동에서 만든 코 모서리에서 추가로 1코 줍는다, 진동 코 가운데, 혹은 진동 코가 홀수라면 중심에서 1코 오른쪽에 단 시작 표시링을 건다 (이 코들은 곧 코줄임해서 사라질 것이다). 원통으로 연결해서 단 끝까지 겉뜨기한다.
총 54 (58, 63, 67, 71) (77, 82, 88, 96)코

다음 단: 겉뜨기1, 왼코줄임, 3코 남을 때까지 겉뜨기, skp 오른코줄임, 겉뜨기1.
총 52 (56, 61, 65, 69) (75, 80, 86, 94)코

주의: 소매를 뜰 때, 소매 스트라이프 가이드(96쪽)를 참고한다. 이 가이드는 사이즈에 따라 각 스트라이프 섹션에서 몇 단을 떠야 하는지 알려준다. 크롭 소매로 뜰지 긴소매로 뜰지 선택할 수 있다.

크롭 소매
계속해서 섹션2: 스트라이프1—소매를 분리할 때 뜨고 있던 스트라이프—의 시작점에서 총 16 (17, 19, 19, 19) (19, 20, 23, 25)단을 뜰 때까지 바탕실로 진행한다.

필요할 때 스트라이프2로 이동하며 (남은 색상/스트라이프 변경에 대해서는 소매 스트라이프 가이드를 참고한다) 메리야스뜨기로 5.75 (5.75, 5.75, 5.75, 5) (5, 5, 5, 5)cm 뜬다.

코줄임 단: 겉뜨기1, 왼코줄임, 3코 남을 때까지 겉뜨기, skp 오른코줄임, 겉뜨기1. (2코 줄어듦)
이 코줄임 단을 10 (10, 10, 9, 8) (7, 6, 6, 5)번째 단마다 6 (5, 6, 8, 8) (10, 12, 14, 16)회 더 반복한다.
총 36 (42, 45, 45, 49) (51, 52, 54, 58)코

소매 편물이 진동 중심에서 재서 34.25 (36.75, 36.75, 38.75, 40) (40.75, 43.25, 43.25, 43.75)cm가 될 때까지 메리야스뜨기한다.

사이즈 5, 7, 9만 해당
다음 단: 겉뜨기1, 왼코줄임, 단 끝까지 겉뜨기한다.
총 – (–, –, –, 48) (–, 51, –, 57)코

모든 사이즈
소맷단 부분으로 간다.

긴소매

계속해서 섹션2: 스트라이프1—소매 분리할 때 뜨고 있던 스트라이프—의 시작점에서 총 16 (17, 19, 19, 19) (19, 20, 23, 25)단 뜰 때까지 바탕실로 진행한다. 8 (7, 10, 6, 2) (0, 1, 0, 0)단 더 뜨는 셈이다.

필요할 때 스트라이프2로 이동하며 (남은 색상/스트라이프 변경에 대해서는 소매 스트라이프 가이드를 참고한다) 메리야스뜨기로 7 (7, 7, 6, 6) (6, 5.5, 5.5, 5.5)㎝ 뜬다.
코줄임 단: 겉뜨기1, 왼코줄임, 3코 남을 때까지 겉뜨기, skp 오른코줄임, 겉뜨기1. (2코 줄어듦)
이 코줄임 단을 9 (10, 10, 10, 8) (7, 6, 6, 5)번째 단마다 7 (6, 7, 8, 10) (11, 14, 15, 17)회 더 반복한다.
총 34 (40, 43, 45, 47) (49, 48, 52, 56)코

소매 편물이 진동 중심에서 재서 38 (40, 40, 43, 43) (43, 45, 45, 45)㎝가 될 때까지 혹은 원하는 길이에서 8㎝ 모자랄 때까지 메리야스뜨기한다.

사이즈1, 2, 3, 6, 8만 해당
1단: 왼코줄임, 3코 남을 때까지 겉뜨기, skp 오른코줄임, 겉뜨기1.
총 33 (39, 42, –, –) (48, –, 51, –)코

사이즈4, 5, 7만 해당
1단: 단 끝까지 겉뜨기한다.

사이즈9만 해당
1단: 겉뜨기1, 왼코줄임, 3코 남을 때까지 겉뜨기, skp 오른코줄임, 겉뜨기1.
총 – (–, –, –, –) (–, –, –, 54)코

모든 사이즈
다음 단: 단 끝까지 겉뜨기하고 소맷단 부분으로 간다.

소맷단

걸려 있는 실을 자르고 다음 순서의 색상을 연결한다. 좁은 둘레를 뜰 4㎜ 줄바늘로 바꾼다.
다음 단: 단 끝까지 겉뜨기한다.

2×1 꼬아 고무뜨기로 소맷단 편물이 2.5㎝(크롭 소매) 혹은 6㎝(긴소매)가 될 때까지 뜬다. 2×1 꼬아 고무뜨기 무늬로 뜨면서 모든 코 코막음한다. 1코 남았을 때 실을 자르고 남은 코 사이로 통과시켜 풀리지 않게 한다.
두 번째 소매도 동일하게 뜬다.

마무리

실을 정리한다. 스웨터를 적셔서 블로킹하고 평평하게 펼쳐 자신이 선택한 사이즈에 맞게 모양을 잡고 마르도록 둔다.

스트라타

STRATA

사이즈
1 (2, 3)
어린이 (성인 중, 성인 대)
1.25~6.5㎝의 마이너스 여유분
사진 속 샘플은 사이즈 3

완성 치수
둘레(편물을 당겨 늘리지 않았을 때): 47 (51.5, 56)㎝
높이: 23 (24, 24.75)㎝

재료
실: 라비앵 에메의 코리워스티드(포클랜드 코리데일 울 75%, 고틀란드 울 25%, 230m – 100g)
바탕실: 올리브주스 1 (1, 1)타래
배색실1: 던 1 (1, 1)타래
배색실2: 윈터펠 1 (1, 1)타래
배색실3: 러스트 1 (1, 1)타래
혹은 다음과 같은 분량의 워스티드 굵기의 실(선택사항인 폼폼은 포함하지 않은 양):
바탕실: 82 (88, 96)m
배색실1: 19 (21, 22)m
배색실2: 38 (41, 44)m
배색실3: 11 (12, 13)m
바늘: 40㎝ 길이의 4㎜ 줄바늘 혹은 (챙을 뜰 때 사용할) 장갑바늘
40㎝ 길이의 5.5㎜ 줄바늘 혹은 (배색 편물을 뜰 때 사용할) 장갑바늘
60㎝ 길이의 5㎜ 줄바늘 혹은 (정수리 코줄임할 때 사용할) 장갑바늘
부자재: 단코표시링, 돗바늘, 폼폼을 만들 재료(선택사항)

게이지
18코×25단=10×10㎝ / 5㎜ 바늘로 메리야스뜨기, 블로킹 후 잰 치수
19코×22단=10×10㎝ / 5.5㎜ 바늘로 배색뜨기, 블로킹 후 잰 치수

무늬
2코고무뜨기
고무뜨기 단: *겉뜨기2, 안뜨기2*, *~*를 단 끝까지 반복한다.

스트라타 비니

만드는 법
스트라타는 워스티드 굵기의 실로 짠 모자로, 적당한 늘어짐이 있다. 4가지 색을 사용한 배색(그리고 약간의 걸러뜨기)으로 만들어진 작은 V 모양이 특징이다. 재미있고 빨리 뜰 수 있는 초보자 친화적인 디자인이다.

모자
4mm 바늘과 바탕실을 사용해서, 일반코잡기 기법으로 88 (96, 104)코 만든다. 코가 꼬이지 않도록 조심하며, 단 시작에 표시링을 걸고 원통으로 잇는다.

고무뜨기 단
고무뜨기 단이 코잡은 가장자리에서 재서 3.5 (5, 6)cm가 될 때까지 2코고무뜨기로 뜬다.

배색
5.5mm 바늘로 바꾼다.

다음 단: 단 끝까지 겉뜨기한다.

주의: 도안을 참고해 뜰 때, 오른쪽 모서리 바닥에서 시작하고, 도안 무늬를 단 전체에서 반복하며, 오른쪽에서 왼쪽으로 아래에서 위로 진행한다. 필요할 때 배색실을 연결하거나 자른다.

사이즈1만 해당
8코 무늬를 각 단마다 11 (–, –)회 반복, 무늬 도안의 3~32단을 뜬다.

사이즈2, 3만 해당
8코 무늬를 각 단마다 – (12, 13)회 반복, 무늬 도안의 1~34단을 뜬다.

모든 사이즈
모든 배색실을 자르고 바탕실만 사용해서, 5mm 바늘로 바꿔 모자가 코잡은 가장자리에서 재서 19 (20, 21)cm가 될 때까지 메리야스뜨기한다.

정수리 모양 만들기
주의: 콧수가 너무 줄어서 줄바늘로 뜨기 어렵다면 장갑바늘 혹은 매직루프 기법용 줄바늘로 바꾼다.

1단: *겉뜨기6, 왼코줄임*, *~*을 단 끝까지 반복한다. [총 77 (84, 91)코]
2단 그리고 모든 짝수 단: 단 끝까지 겉뜨기한다.
3단: *겉뜨기5, 왼코줄임*, *~*을 단 끝까지 반복한다. [총 66 (72, 78)코]
5단: *겉뜨기4, 왼코줄임*, *~*을 단 끝까지 반복한다. [총 55 (60, 65)코]
7단: *겉뜨기3, 왼코줄임*, *~*을 단 끝까지 반복한다. [총 44 (48, 52)코]
9단: *겉뜨기2, 왼코줄임*, *~*을 단 끝까지 반복한다. [총 33 (36, 39)코]
11단: *겉뜨기1, 왼코줄임*, *~*을 단 끝까지 반복한다. [총 22 (24, 26)코]
12단: 단 끝까지 겉뜨기한다.
13단: *왼코줄임*, *~*을 단 끝까지 반복한다. [총 11 (12, 13)코]

마무리
실끝을 15cm 정도 남기고 자른다. 남은 코 사이로 통과시키고 잡아당겨 정수리를 닫는다. 실을 정리하고 적셔서 블로킹한다.

선택사항: 큰 폼폼을 달아 마무리한다!

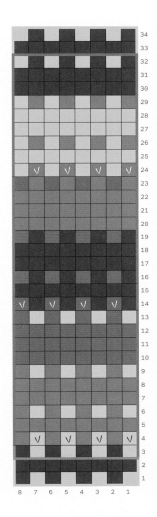

겉뜨기 (바탕실)

겉뜨기 (배색실1)

겉뜨기 (배색실2)

겉뜨기 (배색실3)

√ 실을 편물 뒤에 두고 안뜨기하듯이 걸러뜨기 (배색실1)

√ 실을 편물 뒤에 두고 안뜨기하듯이 걸러뜨기 (배색실3)

√ 실을 편물 뒤에 두고 안뜨기하듯이 걸러뜨기 (배색실2)

사이즈1 무늬 반복

사이즈2, 3 무늬 반복

사라야
SARAYA

"사라야는 로맨스와 로맨틱한 사랑의 설렘에서 영감을 받은, 화려한 반원형의 숄입니다. 반원형 구조는 색다른 질감을 탐색할 수 있는 섹션들로 뚜렷이 구분되게 만듭니다. 메리야스뜨기 배경에 있는 방울로 시작한 다음 더 넓은 부분의 펄럭이는 섀도 케이블로 이동합니다. 숄의 하이라이트는 마지막 팡파르를 위한 약간의 가터뜨기 레이스가 있는 재미있는 케이블의 긴 패널입니다. 변화가 많은 단을 작업할 때는 어느 정도 주의가 필요하지만, 중급 니터들을 즐겁게 해줄 쉽게 뜰 수 있는 단이 많이 있습니다."

사이즈
단일 사이즈

완성 치수
너비: 172.75㎝
길이: 71㎝

재료
실: 라비앙 에메의 코리워스티드(포클랜드 코리데일 울 75%, 고틀란드 울 25%, 230m – 100g) 5타래. 샘플은 코클리코 색상.
혹은 워스티드 굵기의 실 약 1052m
바늘: 100㎝ 길이의 5㎜ 줄바늘
부자재: 꽈배기바늘, 잠글 수 있는 단코표시링, 돗바늘, 블로킹 와이어

게이지
19.5코×26단=10×10㎝ / 메리야스뜨기, 블로킹 후 잰 치수

약어
방울뜨기nupp: 겉뜨기1, 바늘비우기, 겉뜨기1, 바늘비우기, 겉뜨기1, 바늘비우기(같은 코에). 오른손 바늘 끝에서 두 번째 코를 마지막 바늘비우기 코 위로 덮어씌운다, 이런 방법으로 5코 모두 덮어씌울 때까지 계속한다.
방울코 마무리: 방울코를 안뜨기하듯이 오른손 바늘로 걸러뜨기, 방울코 아래 안뜨기 볼록한 가닥을 주워 왼손 바늘에 건다, 방울코를 왼손 바늘에 옮기고, 2코를 함께 안뜨기한다.
1코걸러뜨기: (다른 설명이 없으면) 실을 편물 뒤에 놓고 1코를 겉뜨기하듯이 걸러뜨기
2/2 LC 교차뜨기: 2코를 꽈배기바늘에 옮겨 편물 앞에 두고, 겉뜨기2, 꽈배기바늘의 2코 겉뜨기
2/2 RC 교차뜨기: 2코를 꽈배기바늘에 옮겨 편물 뒤에 두고, 겉뜨기2, 꽈배기바늘의 2코 겉뜨기
5/5 LC 교차뜨기: 5코를 꽈배기바늘에 옮겨 편물 앞에 두고, 겉뜨기5, 꽈배기바늘의 5코 겉뜨기
5/5 RC 교차뜨기: 5코를 꽈배기바늘에 옮겨 편물 뒤에 두고, 겉뜨기5, 꽈배기바늘의 5코 겉뜨기

스페셜 기법

떠서 붙이는 코잡기
스텝1: 시작 고리를 만들어 왼손 바늘에 건다.
스텝2: 1코를 겉뜨기, 겉뜨기한 코를 꼬아서 왼손 바늘에 옮긴다.
스텝 2를 반복해 필요한 콧수를 만든다.

아이슬랜딕 코막음
스텝1: 1코를 겉뜨기한다.
스텝2: 겉뜨기한 코를 꼬아서 왼손 바늘에 옮긴다.
스텝3: 오른손 바늘을 사용해서, 첫 번째 코에 안뜨기하듯이 바늘을 넣고, 다음 코를 겉뜨기한다. 왼손 바늘의 고리 2개를 모두 바늘에서 빼낸다.
스텝2~3을 1코 남을 때까지 반복한다. 실을 자르고 남은 코 사이로 통과시킨다.

주의

각 단의 시작과 끝 3코는 가터뜨기로 뜰 것이다. 매 단 첫 번째 코는 실을 편물 뒤에 두고, 겉뜨기하듯이 걸러뜨기한다.

만드는 법

*사라야*는 가터 탭으로 시작하는 반원형 숄 구조다. 어깨에 드리워져 흘러내리는 숄에는 무언가 매우 낭만적인 면이 있다. 이 디자인에서 숄의 반원 모양, 거기에 달린 방울, 숄의 메인 섹션에서 더 작은 교차무늬 옆에 배치된 섀도 케이블과 재미있는 케이블을 활용하려고 했다.

가터 탭 코잡기

떠서 붙이는 코잡기로 3코 만든다. 겉뜨기로 6단을 뜨면 3개의 가터리지(가터뜨기 편물의 올록볼록한 줄)가 생긴다. 편물을 오른쪽으로 돌려서 가장자리를 따라 가터리지마다 1코씩 총 3코 줍는다. 편물을 오른쪽으로 돌려서 코잡은 가장자리를 따라 3코 줍는다. (총 9코)
세팅 단(안면): 1코걸러뜨기, 겉뜨기2, 안뜨기3, 겉뜨기3.

섹션1

1단(겉면): 1코걸러뜨기, 겉뜨기2, kfbf 코늘림을 3회 반복, 겉뜨기3. (총 15코)
2단(안면): 1코걸러뜨기, 겉뜨기2, 왼손 바늘에 3코 남을 때까지 안뜨기, 겉뜨기3.
3단: 1코걸러뜨기, 단 끝까지 겉뜨기한다.

4단: 2단과 동일하게 뜬다.

섹션2

1단: 1코걸러뜨기, 겉뜨기2, *바늘비우기, 겉뜨기1*, *~*을 왼손 바늘에 3코 남을 때까지 반복, 바늘비우기, 겉뜨기3. (총 25코)
2단: 1코걸러뜨기, 겉뜨기2, 왼손 바늘에 3코 남을 때까지 안뜨기, 겉뜨기3.
3단: 1코걸러뜨기, 단 끝까지 겉뜨기한다.
4단: 2단과 동일하게 뜬다.
5단: 3단과 동일하게 뜬다.
6단: 2단과 동일하게 뜬다.

섹션3(걸러뜨기)

1단: 1코걸러뜨기, 겉뜨기2, *바늘비우기, 겉뜨기1*, *~*을 왼손 바늘에 3코 남을 때까지 반복, 바늘비우기, 겉뜨기3. (총 45코)
2단: 1코걸러뜨기, 겉뜨기2, 왼손 바늘에 3코 남을 때까지 안뜨기, 겉뜨기3.
3단: 1코걸러뜨기, 단 끝까지 겉뜨기한다.
4단: 2단과 동일하게 뜬다.
5단: 3단과 동일하게 뜬다.
6단: 1코걸러뜨기, 겉뜨기3, *안뜨기하듯이 1코걸러뜨기, 겉뜨기1*, *~*을 왼손 바늘에 3코 남을 때까지 반복, 겉뜨기3.
7단: 3단과 동일하게 뜬다.
8단: 1코걸러뜨기, 겉뜨기4, *안뜨기하듯이 1코걸러뜨기, 겉뜨기1*, *~*을 왼손 바늘에 4코 남을 때까지 반복, 겉뜨기4.
9단: 3단과 동일하게 뜬다.
10단: 1코걸러뜨기, 겉뜨기3, *안뜨기하듯이 1코걸러뜨기, 겉뜨기1*, *~*을 왼손 바늘에 3코 남을 때까지 반복, 겉뜨기3.
11단: 3단과 동일하게 뜬다.
12단: 2단과 동일하게 뜬다.
13단: 3단과 동일하게 뜬다.
14단: 2단과 동일하게 뜬다.

섹션4(방울)

1단: 1코걸러뜨기, 겉뜨기2, *바늘비우기, 겉뜨기1*, *~*을 왼손 바늘에 3코 남을 때까지 반복, 바늘비우기, 겉뜨기3. (총 85코)
2단: 1코걸러뜨기, 겉뜨기2, 왼손 바늘에 3코 남을 때까지 안뜨기, 겉뜨기3.

3단: 1코걸러뜨기, 단 끝까지 겉뜨기한다.
4단: 2단과 동일하게 뜬다.
5~28단: 방울 도안을 2회 반복한다.

섹션5(걸러뜨기)
1단: 1코걸러뜨기, 겉뜨기2, *바늘비우기, 겉뜨기1*, *~*을 왼손 바늘에 3코 남을 때까지 반복, 바늘비우기, 겉뜨기3. (총 165코)
2단: 1코걸러뜨기, 겉뜨기2, 왼손 바늘에 3코 남을 때까지 안뜨기, 겉뜨기3.
3단: 1코걸러뜨기, 단 끝까지 겉뜨기한다.
4단: 2단과 동일하게 뜬다.
5단: 3단과 동일하게 뜬다.
6단: 1코걸러뜨기, 겉뜨기3, *안뜨기하듯이 1코걸러뜨기, 겉뜨기1*, *~*을 왼손 바늘에 3코 남을 때까지 반복, 겉뜨기3.
7단: 3단과 동일하게 뜬다.
8단: 1코걸러뜨기, 겉뜨기4, *안뜨기하듯이 1코걸러뜨기, 겉뜨기1*, *~*을 왼손 바늘에 4코 남을 때까지 반복, 겉뜨기4.
9단: 3단과 동일하게 뜬다.
10단: 1코걸러뜨기, 겉뜨기3, *안뜨기하듯이 1코걸러뜨기, 겉뜨기1*, *~*을 왼손 바늘에 3코 남을 때까지 반복, 겉뜨기3.
11단: 3단과 동일하게 뜬다.
12단: 2단과 동일하게 뜬다.
13단: 3단과 동일하게 뜬다.
14단: 2단과 동일하게 뜬다.

섹션6(섀도 케이블)
1단: 1코걸러뜨기, 겉뜨기2, *바늘비우기, 왼코줄임*, *~*을 왼손 바늘에 4코 남을 때까지 반복, 바늘비우기, 겉뜨기4. (총 166코)
2단: 1코걸러뜨기, 겉뜨기2, 왼손 바늘에 3코 남을 때까지 안뜨기, 겉뜨기3.
3단: 1코걸러뜨기, 단 끝까지 겉뜨기한다.
4단: 2단과 동일하게 뜬다.
5~40단: 섀도 케이블 도안을 3회 반복한다.

섹션7(케이블 패널)
1단: 1코걸러뜨기, 겉뜨기2, *바늘비우기, 겉뜨기1*, *~*을 왼손 바늘에 3코 남을 때까지 반복, 바늘비우기, 겉뜨기3. (총 327코)
2단: 1코걸러뜨기, 겉뜨기2, 왼손 바늘에 3코 남을 때까지 안

뜨기, 겉뜨기3.
3단 (케이블 패널 도안 세팅): 1코걸러뜨기, 겉뜨기2, 단코표시링 건다, 겉뜨기8, 안뜨기4, 겉뜨기10, 안뜨기2, 겉뜨기10, 안뜨기2, 겉뜨기10, 안뜨기4, 겉뜨기7, kfb 코늘림(뒷가닥에 겉뜨기하기 전에 단코표시링 건다), 안뜨기7, 단코표시링 건다, *겉뜨기8, 안뜨기4, 겉뜨기10, 안뜨기2, 겉뜨기10, 안뜨기2, 겉뜨기10, 안뜨기4, 겉뜨기8, 단코표시링 건다, 안뜨기8, 단코표시링 건다*, *~*를 2회 더 반복, 겉뜨기8, 안뜨기4, 겉뜨기10, 안뜨기2, 겉뜨기10, 안뜨기2, 겉뜨기10, 안뜨기4, 겉뜨기8, 단코표시링 건다, 겉뜨기3. (총 328코)
4~6단: 1코걸러뜨기, 겉뜨기2, 3코 남을 때까지 겉뜨기 코는 겉뜨기, 안뜨기 코는 안뜨기한다, 겉뜨기3.
7~78단: 케이블 패널 도안(1~24단)을 3회 반복한다.
케이블 패널 도안을 뜰 때, 62~69칼럼은 마지막 도안 반복에 포함되지 않는다. 가장자리 코(칼럼1~3)를 뜬다, 케이블 패널(칼럼4~69)을 4회 반복, 케이블 패널(칼럼4~61)을 뜬다, 가장자리 코(칼럼 70~72)를 뜬다.
79~80단: 케이블 패널 도안 1~2단을 반복한다.

섹션8(올드 셰일 가장자리뜨기)
세팅 단 1: 1코걸러뜨기, 단 끝까지 겉뜨기한다.
세팅 단 2: 1코걸러뜨기, 단 끝까지 겉뜨기한다.
1단: 1코걸러뜨기, 겉뜨기1, *왼코줄임 3회 반복, (바늘비우기, 겉뜨기1)을 6회 반복, 오른코줄임을 3회 반복*, *~*을 왼손 바늘에 2코 남을 때까지 반복, 겉뜨기2.
주의: 이제 가장자리 코는 각 단의 시작과 끝에 2코씩 있다.
2단: 1코걸러뜨기, 겉뜨기1, 왼손 바늘에 2코 남을 때까지 안뜨기, 겉뜨기2.
3단: 1코걸러뜨기, 단 끝까지 겉뜨기한다.
4단: 1코걸러뜨기, 단 끝까지 겉뜨기한다.
1~4단을 2회 더 반복한다.
아이슬랜딕 코막음 혹은 그 밖의 기법을 택해 느슨하게 코막음한다.

사라야 숄

도안 서술형 풀이

방울(12단)
1단: 1코걸러뜨기, 단 끝까지 겉뜨기한다.
2단 그리고 모든 짝수 단: 1코걸러뜨기, 겉뜨기2, 왼손 바늘에 3코 남을 때까지 안뜨기, 겉뜨기3. 주의: 이어지는 방울 단에서 안면 단을 뜰 때는 방울코를 방울코 아래의 안뜨기 볼록한 가닥과 함께 안뜨기할 것이다. 이렇게 작업하면 방울이 겉면에서 더 도드라져 보인다.
3단: 1코걸러뜨기, 겉뜨기2, *겉뜨기3, 방울뜨기, 겉뜨기4*, *~*를 왼손 바늘에 10코 남을 때까지 반복, 겉뜨기3, 방울뜨기, 겉뜨기6.
5단: 1단과 동일하게 뜬다.
7단: 1단과 동일하게 뜬다.
9단: 1코걸러뜨기, 겉뜨기2, *겉뜨기7, 방울뜨기*, *~*를 왼손 바늘에 10코 남을 때까지 반복, 겉뜨기10.
11단: 1단과 동일하게 뜬다.
12단: 2단과 동일하게 뜬다.

섀도 케이블(12단)
1단: 1코걸러뜨기, 단 끝까지 겉뜨기한다.
2단 그리고 모든 안면 단: 1코걸러뜨기, 겉뜨기2, 왼손 바늘에 3코 남을 때까지 안뜨기, 겉뜨기3.
3단: 1코걸러뜨기, 겉뜨기2, *2/2 RC 교차뜨기, 겉뜨기4*, *~*를 왼손 바늘에 3코 남을 때까지 반복, 겉뜨기3.
5단: 1단과 동일하게 뜬다.
7단: 1단과 동일하게 뜬다.
9단: 1코걸러뜨기, 겉뜨기2, *겉뜨기4, 2/2 LC 교차뜨기*, *~*를 왼손 바늘에 3코 남을 때까지 반복, 겉뜨기3.
11단: 1단과 동일하게 뜬다.
12단: 2단과 동일하게 뜬다.

케이블 패널(24단)
1단(겉면): 1코걸러뜨기, 겉뜨기2, *겉뜨기8, 안뜨기4, (겉뜨기10, 안뜨기2)×2, 겉뜨기10, 안뜨기4, 겉뜨기8, 안뜨기8*, *~*을 3회 더 반복, 겉뜨기8, 안뜨기4, (겉뜨기10, 안뜨기2)×2, 겉뜨기10, 안뜨기4, 겉뜨기11.
2단 그리고 모든 안면 단: 1코걸러뜨기, 겉뜨기2, *안뜨기8, 겉뜨기4, (안뜨기10, 겉뜨기2)×2, 안뜨기10, 겉뜨기4, 안뜨기8, 겉뜨기8*, *~*을 3회 더 반복, 안뜨기8, 겉뜨기4, (안뜨기10, 겉뜨기2)×2, 안뜨기10, 겉뜨기4, 안뜨기8, 겉뜨기3. 가장자리 코를 제외하고, 모든 안면 단에서 겉뜨기 코는 겉뜨기하고 안뜨기 코는 안뜨기한다.
3단: 1코걸러뜨기, 겉뜨기2, *2/2 LC 교차뜨기, 2/2 RC 교차뜨기, 안뜨기4, (겉뜨기10, 안뜨기2)×2, 겉뜨기10, 안뜨기4, 2/2 LC 교차뜨기, 2/2 RC 교차뜨기, 안뜨기8*, *~*을 3회 더 반복, 2/2 LC 교차뜨기, 2/2 RC 교차뜨기, 안뜨기4, (겉뜨기10, 안뜨기2)×2, 겉뜨기10, 안뜨기4, 2/2 LC 교차뜨기, 2/2 RC 교차뜨기, 겉뜨기3.
5단: 1코걸러뜨기, 겉뜨기2, *겉뜨기8, 안뜨기4, 5/5 RC 교차뜨기, 안뜨기2, 겉뜨기10, 안뜨기2, 5/5 RC 교차뜨기, 안뜨기4, 겉뜨기8, 안뜨기8*, *~*을 3회 더 반복, 겉뜨기8, 안뜨기4, 5/5 RC 교차뜨기, 안뜨기2, 겉뜨기10, 안뜨기2, 5/5 RC 교차뜨기, 안뜨기4, 겉뜨기11.
7단: 1단과 동일하게 뜬다.
9단: 1단과 동일하게 뜬다.
11단: 1코걸러뜨기, 겉뜨기2, *2/2 LC 교차뜨기, 2/2 RC 교차뜨기, 안뜨기4, 5/5 RC 교차뜨기, 안뜨기2, 겉뜨기10, 안뜨기2, 5/5 RC 교차뜨기, 안뜨기4, 2/2 LC 교차뜨기, 2/2 RC 교차뜨기, 안뜨기8*, *~*을 3회 더 반복, 2/2 LC 교차뜨기, 2/2 RC 교차뜨기, 안뜨기4, 5/5 RC 교차뜨기, 안뜨기2, 겉뜨기10, 안뜨기2, 5/5 RC 교차뜨기, 안뜨기4, 2/2 LC 교차뜨기, 2/2 RC 교차뜨기, 겉뜨기3.
13단: 1단과 동일하게 뜬다.
15단: 1단과 동일하게 뜬다.
17단: 1코걸러뜨기, 겉뜨기2, *겉뜨기8, 안뜨기4, 겉뜨기10, 안뜨기2, 5/5 LC 교차뜨기, 안뜨기2, 겉뜨기10, 안뜨기4, 겉뜨기8, 안뜨기8*, *~*을 3회 더 반복, 겉뜨기8, 안뜨기4, 겉뜨기10, 안뜨기2, 5/5 LC 교차뜨기, 안뜨기2, 겉뜨기10, 안뜨기4, 겉뜨기11.
19단: 3단과 동일하게 뜬다.
21단: 1단과 동일하게 뜬다.
23단: 17단과 동일하게 뜬다.
24단: 2단과 동일하게 뜬다.

마무리
실을 정리하고 블로킹한다. 숄의 위쪽 가장자리를 블로킹할 때 블로킹 와이어 사용을 추천한다. 먼저 위쪽 가장자리에 핀을 꽂고, 편물을 위에서 아래로 쓸어내려 물결모양 가장자리에 핀을 꽂는다.

주의: 케이블 패턴 패널 도안을 뜰 때, 칼럼 62~69는 마지막 반복에 포함되지 않는다. 가장자리 코(칼럼1~3)를 뜬다. 케이블 패턴(칼럼4~69)을 4회 반복, 케이블 패널(칼럼4~61)을 뜬다, 가장자리 코(칼럼70~72)를 뜬다.

겉면: 겉뜨기, 안면: 안뜨기

겉면: 안뜨기, 안면: 겉뜨기

2/2 LC 교차뜨기: 2코를 꽈배기바늘에 옮겨 뜨개 편물 앞에 두고, 겉뜨기2, 꽈배기바늘의 2코 겉뜨기

2/2 RC 교차뜨기: 2코를 꽈배기바늘에 옮겨 뜨개 편물 뒤에 두고, 겉뜨기2, 꽈배기바늘의 2코 겉뜨기

5/5 LC 교차뜨기: 5코를 꽈배기바늘에 옮겨 뜨개 편물 앞에 두고, 겉뜨기5, 꽈배기바늘의 5코 겉뜨기

5/5 RC 교차뜨기: 5코를 꽈배기바늘에 옮겨 뜨개 편물 뒤에 두고, 겉뜨기5, 꽈배기바늘의 5코 겉뜨기

겉뜨기하듯이 1코걸러뜨기

반복

마지막 반복에서는 뜨지 않는다 주의사항을 참고할 것

케이블 패널

섀도 케이블

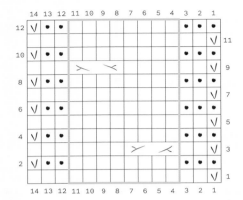

방울

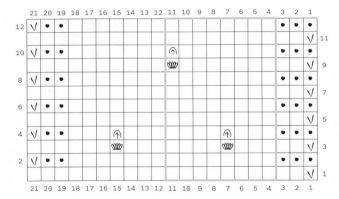

	겉면: 겉뜨기, 안면: 안뜨기
•	겉면: 안뜨기, 안면: 겉뜨기
⟩　　⟨	2/2 LC 교차뜨기: 2코를 꽈배기바늘에 옮겨 편물 앞에 두고, 겉뜨기2, 꽈배기바늘의 2코 겉뜨기
⟩　　⟨	2/2 RC 교차뜨기: 2코를 꽈배기바늘에 옮겨 편물 뒤에 두고, 겉뜨기2, 꽈배기바늘의 2코 겉뜨기
方	방울뜨기
⋀	방울코 아래의 안뜨기 모양 가닥과 함께 안뜨기
V	겉뜨기하듯이 1코걸러뜨기
	반복

퍼레니얼
PERENNIAL

"몇 년 전 새로운 케이블 무늬를 만들어내는 데 몰두하다 퍼레니얼 스웨터에 등장하는 중앙 케이블 무늬를 개발했습니다. 나뭇잎을 표현하는 추상적이면서도 쉬운 방법을 찾은 끝에 이 무늬가 나왔습니다. 케이블 두 개 위 케이블 두 개가 꼬인 스티치로 결합해 잎과 잎맥을 만듭니다. 에메와 크롭 스웨터에 대한 그녀의 사랑에서 영감을 받은 이 옷의 실루엣은 드레스 위에 입어도 훌륭합니다. 곡선을 이루는 앞면 밑단이 이 작품을 더욱 흥미롭게 하는 것 같습니다."

사이즈
1 (2, 3, 4, 5) (6, 7, 8, 9)
가슴둘레 81 (91.5, 101.5, 112, 122) (132, 142, 152.5, 162.5)cm
권장 여유분: 10~15cm 플러스 여유분. 리즈(자홍) 색상으로 뜬 오리지널 샘플은 사이즈 5, 헤겔리아(연한 파랑) 색상으로 뜬 두 번째 샘플은 사이즈3.

완성 치수
가슴둘레: 91.5 (101.5, 112, 122, 132) (142, 152.5, 162.5, 173)cm
가장 긴 부분 길이: 48 (49.5, 51, 52, 53.5) (56, 58.5, 61, 63.5)cm
진동 중심에서 밑단까지 길이: 28 (28, 28, 28, 28) (29, 30.5, 32, 33)cm
소매길이: 40.5cm
위팔둘레: 33 (35.5, 38, 40.5, 43) (45.5, 48, 51, 53.5)cm

재료
실: 라비앵 에메의 코리워스티드(포클랜드 코리데일 울 75%, 고틀란드 울 25% 230m – 100g), 리즈 색상
혹은 라이트워스티드 굵기의 실 810 (935, 1065, 1200, 1340) (1520, 1710, 1915, 2125)m
바늘: 80cm 길이의 4mm 줄바늘 혹은 막대바늘, 80cm 길이의 3.25mm 줄바늘 혹은 막대바늘, 네크라인을 뜰 때 사용할 40cm 길이의 3.25mm 줄바늘.
부자재: 단코표시링, 꽈배기바늘, 돗바늘

게이지
22코×30단=10×10cm / 4mm 바늘로 메리야스뜨기, 블로킹 후 잰 치수
케이블 패널 / 가로 11cm / 4mm 바늘, 블로킹 후 잰 치수
24코×32단=10×10cm / 3.25mm 바늘로 2코고무뜨기, 블로킹 후 잰 치수

무늬
2코고무뜨기 평뜨기(4의 배수+2)
1단(겉면): *겉뜨기2, 안뜨기2*, *~*를 왼손 바늘에 2코 남을 때까지 반복, 겉뜨기2.
2단(안면): *안뜨기2, 겉뜨기2*, *~*를 왼손 바늘에 2코 남을 때까지 반복, 안뜨기2.

2코고무뜨기 원통뜨기(4의 배수)
모든 단: *겉뜨기2, 안뜨기2*, *~*를 반복한다.

퍼레니얼 스웨터

약어

교차뜨기

다음에 설명된 콤비네이션 니터 교차뜨기는 기존의 방법과 약간 다르지만, 이대로 하면 최고의 결과물이 나올 것이다.

스탠다드 니터(코의 앞가닥에 넣어 뜨는 일반적인 방법):
RT Right Twist **교차뜨기**: 2코를 함께 겉뜨기하고, 왼손 바늘에 그대로 둔다, 첫 번째 코만 겉뜨기하고, 모두 바늘에서 빼낸다.
LT Left Twist **교차뜨기**: 겉뜨기하듯이 1코걸러뜨기, 다음 코를 겉뜨기하듯이 걸러뜨기, 2코를 모두 왼손 바늘로 옮긴다(오른코줄임의 시작처럼), (뒤에서 접근해) 두 번째 코의 뒷가닥에 넣어 겉뜨기, 2코의 뒷가닥에 넣어 겉뜨기, 모두 바늘에서 빼낸다.
콤비네이션 니터(안뜨기에서 실을 시계방향으로 감아 겉뜨기에서 코의 뒷가닥에 넣어 뜨는 방법, 코의 방향이 꼬임):
RT 교차뜨기: 다음 2코의 방향을 바꾼다. 2코를 함께 겉뜨기하고, 왼손 바늘에 그대로 둔다, 첫 번째 코만 겉뜨기하고 모두 바늘에서 빼낸다.
LT 교차뜨기: (뒤에서 접근해) 두 번째 코의 뒷가닥에 넣어 겉뜨기, 2코의 뒷가닥에 넣어 겉뜨기, 모두 바늘에서 빼낸다.

m1p 코늘림: 왼손 바늘 끝으로, 방금 뜬 코와 왼손 바늘의 첫 번째 코 사이 가로줄을 앞에서 뒤로 들어올린다. 뒷가닥에 넣어 안뜨기한다.
2/2 RC 교차뜨기: 2코를 꽈배기바늘에 옮겨 편물 뒤에 두고, 겉뜨기2, 꽈배기바늘의 2코 겉뜨기
2/2 LC 교차뜨기: 2코를 꽈배기바늘에 옮겨 편물 앞에 두고, 겉뜨기2, 꽈배기바늘의 2코 겉뜨기
3/3 RC 교차뜨기: 3코를 꽈배기바늘에 옮겨 편물 뒤에 두고, 겉뜨기3, 꽈배기바늘의 3코 겉뜨기
3/3 LC 교차뜨기: 3코를 꽈배기바늘에 옮겨 편물 앞에 두고, 겉뜨기3, 꽈배기바늘의 3코 겉뜨기

도안 서술형 풀이

도안A

세팅 단(안면): 겉뜨기2, 안뜨기12, m1p 코늘림, 안뜨기2, 겉뜨기2, 안뜨기2, m1p 코늘림, 안뜨기12, 겉뜨기2.
1단(겉면): 안뜨기2, 겉뜨기6, LT 교차뜨기, 겉뜨기1, 3/3 RC 교차뜨기, 안뜨기2, 3/3 LC 교차뜨기, 겉뜨기1, RT 교차뜨기, 겉뜨기6, 안뜨기2.
2단 그리고 모든 안면 단: 겉뜨기2, 안뜨기15, 겉뜨기2, 안뜨기15, 겉뜨기2.
3단(겉면): 안뜨기2, 겉뜨기6, 3/3 RC 교차뜨기, LT 교차뜨기, 겉뜨기1, 안뜨기2, 겉뜨기1, RT 교차뜨기, 3/3 LC 교차뜨기, 겉뜨기6, 안뜨기2.
5단(겉면): 안뜨기2, 겉뜨기3, 3/3 RC 교차뜨기, LT 교차뜨기, 겉뜨기2, LT 교차뜨기, 안뜨기2, RT 교차뜨기, 겉뜨기2, RT 교차뜨기, 3/3 LC 교차뜨기, 겉뜨기3, 안뜨기2.
7단(겉면): 안뜨기2, 3/3 RC 교차뜨기, LT 교차뜨기, 겉뜨기2, LT 교차뜨기, 겉뜨기3, 안뜨기2, 겉뜨기3, RT 교차뜨기, 겉뜨기2, RT 교차뜨기, 3/3 LC 교차뜨기, 안뜨기2.
9단(겉면): 안뜨기2, 겉뜨기3, (LT 교차뜨기, 겉뜨기2)를 3회 반복, 안뜨기2, (겉뜨기2, RT 교차뜨기)를 3회 반복, 겉뜨기3, 안뜨기2.
11단(겉면): 안뜨기2, 겉뜨기4, (LT 교차뜨기, 겉뜨기2)를 2회 반복, LT 교차뜨기, 겉뜨기1, 안뜨기2, 겉뜨기1, (RT 교차뜨기, 겉뜨기2)를 3회 반복, 겉뜨기2, 안뜨기2.
13단(겉면): 안뜨기2, 겉뜨기5, (LT 교차뜨기, 겉뜨기2)를 2회 반복, LT 교차뜨기, 안뜨기2, (RT 교차뜨기, 겉뜨기2)를 3회 반복, 겉뜨기3, 안뜨기2.
14단(안면): 겉뜨기2, 안뜨기15, 겉뜨기2, 안뜨기15, 겉뜨기2.
1~14단이 무늬가 된다.

도안B (17코)

1단(겉면): 겉뜨기11, 3/3 RC 교차뜨기.
2, 4, 6, 8단(안면): 안뜨기한다.
3단(겉면): 겉뜨기8, 3/3 RC 교차뜨기, LT 교차뜨기, 겉뜨기1.
5단(겉면): 겉뜨기5, 3/3 RC 교차뜨기, LT 교차뜨기, 겉뜨기2, LT 교차뜨기.
7단(겉면): 겉뜨기2, 3/3 RC 교차뜨기, LT 교차뜨기, 겉뜨기2, LT 교차뜨기, 겉뜨기3.
9단(겉면): 안뜨기2, 겉뜨기3, (LT 교차뜨기, 겉뜨기2)를 3회 반복한다.
10, 12단(안면): 안뜨기15, 겉뜨기2.
11단(겉면): 안뜨기2, 겉뜨기4, (LT 교차뜨기, 겉뜨기2)를 2회 반복, LT 교차뜨기, 겉뜨기1.
13단(겉면): 안뜨기2, 겉뜨기5, (LT 교차뜨기, 겉뜨기2)를 2회 반복, LT 교차뜨기.
14단(안면): 안뜨기15, 겉뜨기2.
(1회만 뜬다)

도안C (17코)

1단(겉면): 3/3 LC 교차뜨기, 겉뜨기11.

2, 4, 6, 8단(안면): 안뜨기한다.

3단(겉면): 겉뜨기1, RT 교차뜨기, 3/3 LC 교차뜨기, 겉뜨기8.

5단(겉면): RT 교차뜨기, 겉뜨기2, RT 교차뜨기, 3/3 LC 교차뜨기, 겉뜨기5.

7단(겉면): 겉뜨기3, RT 교차뜨기, 겉뜨기2, RT 교차뜨기, 3/3 LC 교차뜨기, 겉뜨기2.

9단(겉면): (겉뜨기2, RT 교차뜨기)를 3회 반복, 겉뜨기3, 안뜨기2.

10, 12, 14단(안면): 겉뜨기2, 안뜨기15.

11단(겉면): 겉뜨기1, (RT 교차뜨기, 겉뜨기2)를 3회 반복, 겉뜨기2, 안뜨기2.

13단(겉면): (RT 교차뜨기, 겉뜨기2)를 3회 반복, 겉뜨기3, 안뜨기2.

(1회만 뜬다)

도안D (17코)

1단(겉면): 안뜨기2, 겉뜨기9, 3/3 RC 교차뜨기.

2단 그리고 모든 안면 단: 안뜨기15, 겉뜨기2.

3단(겉면): 안뜨기2, 겉뜨기6, 3/3 RC 교차뜨기, LT 교차뜨기, 겉뜨기1.

5단(겉면): 안뜨기2, 겉뜨기3, 3/3 RC 교차뜨기, LT 교차뜨기, 겉뜨기2, LT 교차뜨기.

7단(겉면): 안뜨기2, 3/3 RC 교차뜨기, LT 교차뜨기, 겉뜨기2, LT 교차뜨기, 겉뜨기3.

9단(겉면): 안뜨기2, 겉뜨기3, (LT 교차뜨기, 겉뜨기2)를 3회 반복한다.

11단(겉면): 안뜨기2, 겉뜨기4, (LT 교차뜨기, 겉뜨기2)를 2회 반복, LT 교차뜨기, 겉뜨기1.

13단(겉면): 안뜨기2, 겉뜨기5, (LT 교차뜨기, 겉뜨기2)를 2회 반복, LT 교차뜨기.

(1회만 뜬다)

도안E (17코)

1단(겉면): 3/3 LC 교차뜨기, 겉뜨기9, 안뜨기2.

2단 그리고 모든 안면 단: 겉뜨기2, 안뜨기15.

3단(겉면): 겉뜨기1, RT 교차뜨기, 3/3 LC 교차뜨기, 겉뜨기6, 안뜨기2.

5단(겉면): RT 교차뜨기, 겉뜨기2, RT 교차뜨기, 3/3 LC 교차뜨기, 겉뜨기3, 안뜨기2.

7단(겉면): 겉뜨기3, RT 교차뜨기, 겉뜨기2, RT 교차뜨기, 3/3 LC 교차뜨기, 안뜨기2.

9단(겉면): (겉뜨기2, RT 교차뜨기)를 3회 반복, 겉뜨기3, 안뜨기2.

11단(겉면): 겉뜨기1, (RT 교차뜨기, 겉뜨기2)를 3회 반복, 겉뜨기2, 안뜨기2.

13단(겉면): (RT 교차뜨기, 겉뜨기2)를 3회 반복, 겉뜨기3, 안뜨기2.

(1회만 뜬다)

스페셜 기법
고무뜨기 케이블코잡기
소매, 앞판, 뒤판에서 서술된 지시사항을 따라 1코 고무뜨기 코를 만들 때, 겉뜨기보다 앞서 안뜨기 코를 만들어야 한다:

오른손 바늘을 뒤에서 안뜨기하듯이 왼손 바늘의 처음 2코 사이에 넣어 다음 코를 안뜨기 코로 만든다, 가닥을 빼내서 왼손 바늘에 놓는다, 바늘에 느슨하게 감길 때까지 당긴다. 오른손 바늘을 겉뜨기하듯이 왼손 바늘의 처음 2코 사이에 넣어 다음 코를 겉뜨기 코로 만든다, 가닥을 빼내서 왼손 바늘에 놓는다, 바늘에 느슨하게 감길 때까지 당긴다., *~*를 반복해 왼손 바늘에 필요한 콧수를 만든다.

주의
도안은 겉면 단에서는 오른쪽에서 왼쪽으로, 안면 단에서는 왼쪽에서 오른쪽으로 읽는다. 앞판 고무뜨기는 앞판의 아치를 만드는 코줄임과 아치를 형성하는 경사뜨기를 포함하고 있다. 이 부분에서 옷 길이를 조절하기는 어려울 것이다.
옷 길이를 줄이려면, 진동 코막음 전에 옆선 코늘림과 앞판과 뒤판의 코줄임 사이의 단을 줄이면 된다. 반드시 양쪽 편물에 똑같이 수정해야 한다.
옷 길이를 늘리려면, 진동 코줄임 전에 앞판과 뒤판의 코늘림과 코줄임 사이의 단을 늘리면 된다. 반드시 양쪽 편물에 똑같이 수정해야 한다.

만드는 법
*퍼레니얼*은 아래에서 위로, 여러 조각의 편물로 뜬다. 앞판 아래쪽은 독일식 경사뜨기로 중심이 더 높다. 몸판은 A라인이고, 낮은 크루넥에, 소매는 따로 떠서 어깨에 연결한다. 뒤판에는 직선의 케이블 패널이 있고, 앞판 케이블 패널은 우아하게 확장해 미묘하게 요크 같은 효과를 만들어낸다. 더 복잡한 모양의 케이블 무늬와 앞판의 확장된 케이블을 뜨기 전에

퍼레니얼 스웨터

기본 케이블 무늬에 익숙해질 수 있도록 앞판보다 뒤판을 먼저 뜬다.
독창적인 케이블 무늬는 잎이 있는 식물 줄기를 추상화했으며, 세 개의 케이블과 꼬아뜨기를 결합해 각 잎과 그 잎맥의 윤곽을 형성한다.

뒤판

3.25㎜ 바늘을 사용해서, 고무뜨기 케이블코잡기(123쪽 설명 참고)로 134 (150, 158, 174, 182) (198, 214, 222, 238)코 만든다.

다음 단(안면): *겉뜨기1, 안뜨기1*, *~*을 단 끝까지 반복한다.
2코고무뜨기(121쪽 설명 참고)로 바꿔 33단 뜨는데, 마지막으로 뜨는 단이 겉면 단이 되도록 맞춘다. 4㎜ 바늘로 바꾼다.
코줄임 단(안면): *안뜨기6 (5, 6, 5, 7) (6, 4, 6, 5), 안뜨기로 2코모아뜨기*, *~*를 총 6 (8, 7, 9, 8) (10, 13, 11, 14)회 반복, 안뜨기2 (2, 6, 7, 2) (2, 12, 6, 4), 단코표시링 건다, 도안A의 세팅 단을 뜬다, 단코표시링 건다, 안뜨기2 (2, 6, 7, 2) (2, 12, 6, 4), 안면에서 오른코줄임, *안뜨기6 (5, 6, 5, 7) (6, 4, 6, 5), 안면에서 오른코줄임*, *~*을 총 5 (7, 6, 8, 7) (9, 12, 10, 13)회 반복, 마지막 6 (5, 6, 5, 7) (6, 4, 6, 5)코 안뜨기한다.
총 124 (136, 146, 158, 168) (180, 190, 202, 212)코.
주의: 도안의 세팅 단에서 2코 늘어난다.
겉면 단: 단코표시링까지 겉뜨기, 단코표시링 옮긴다, 도안A 다음 단을 뜬다, 단코표시링 옮긴다, 단 끝까지 겉뜨기한다.
안면 단: 단코표시링까지 안뜨기, 단코표시링 옮긴다, 도안A 다음 단을 뜬다, 단코표시링 옮긴다, 단 끝까지 안뜨기한다.
평단으로 6 (6, 6, 6, 6) (8, 8, 8, 10)단 뜬다.
코줄임 단(겉면): 겉뜨기3, 왼코줄임, 이미 만들어진 무늬대로 왼손 바늘에 5코 남을 때까지 뜬다, 오른코줄임, 겉뜨기3.
이 코줄임 단을 6 (6, 6, 6, 6) (8, 8, 8, 8)단마다 5회 더 반복한다.
총 112 (124, 134, 146, 156) (168, 178, 190, 200)코.

편물이 시작점에서 재서 28 (28, 28, 28, 28) (29, 30.5, 32, 33)㎝ 혹은 진동까지 원하는 길이가 될 때까지 평단으로 진행하는데, 마지막으로 뜨는 단이 안면 단이 되도록 맞춘다.

진동 코줄임: 다음 2단을 뜨는데 단의 시작에서 4코씩 코막음한다. 다음 2 (4, 4, 6, 6) (8, 8, 8, 10)단을 뜨는데 단의 시작에서 3코씩 코막음한다. 다음 4 (4, 6, 6, 8) (8, 10, 12, 12)단을 뜨는데 단의 시작에서 2코씩 코막음한다.
코줄임 단(겉면): 겉뜨기3, 왼코줄임, 왼손 바늘에 5코 남을 때까지 겉뜨기, 오른코줄임, 겉뜨기3.
이 코줄임 단을 겉면 단마다 1(1, 2, 2, 2) (2, 4, 4, 4)회 더 반복한다.
총 86 (92, 96, 102, 108) (114, 116, 118, 122)코.
진동이 18 (19, 20.5, 21.5, 23) (24, 25.5, 26.5, 28)㎝가 될 때까지 이미 만들어진 무늬대로 진행하는데, 마지막으로 뜨는 단이 겉면 단이 되도록 맞춘다.

어깨와 뒤판 네크라인 모양 만들기: 중심의 34 (34, 36, 32, 34) (34, 36, 32, 32)코를 단코표시링으로 표시한다. 4 (5, 5, 5, 5) (7, 7, 7, 6)코 코막음한다, 단코표시링까지 뜬다, 새로운 실을 연결해서 중심의 34 (34, 36, 32, 34) (34, 36, 32, 32)코를 코막음한다, 단 끝까지 뜬다. 편물을 뒤집고, 4 (5, 5, 5, 5) (7, 7, 7, 6)코를 코막음한다. 양쪽에 각각 연결된 실을 사용해서, 양쪽 네크라인 가장자리에서 4 (4, 4, 5, 5) (5, 5, 6, 6)코씩 3회 코막음한다, 그리고 동시에, 양쪽 어깨에서도 코막음한다, 4 (4, 5, 5, 5) (6, 6, 6, 7)코씩 1회, 3 (4, 4, 5, 6) (6, 6, 6, 7)코씩 2회.

소매(2개 만든다)

3.25㎜ 바늘을 사용해서, 고무뜨기 케이블코잡기(123쪽 설명 참고)로 50 (50, 54, 58, 62) (62, 66, 70, 70)코 만든다.
다음 단(안면): *겉뜨기1, 안뜨기1*, *~*을 단 끝까지 반복한다.
2코고무뜨기(121쪽 설명 참고)로 바꿔 33단 뜨는데, 마지막으로 뜨는 단이 겉면 단이 되도록 맞춘다.
다음 단(안면): 4㎜ 바늘로 바꿔 안뜨기로 1단 뜨는데, 고르게 분배해서 0 (2, 0, 0, 0) (2, 0, 0, 2)코 코늘림한다.
총 50 (52, 54, 58, 62) (64, 66, 70, 72)코.

소매 나머지 부분은 메리야스뜨기로 뜬다. 겉면 단은 겉뜨기하고 안면 단은 안뜨기하면서, 메리야스뜨기로 4단 뜬다. 마지막으로 뜨는 단이 안면 단이 되도록 맞춘다.
코늘림 단(겉면): 겉뜨기3, m1l 코늘림, 왼손 바늘에 3코 남을 때까지 겉뜨기, m1r 코늘림, 겉뜨기3.
이 코늘림 단을 6 (6, 6, 4, 4) (4, 4, 4, 4)단마다 10 (12, 13, 6, 7) (17, 18, 19, 21)회 더 반복한다.

사이즈4, 5만 해당: 코늘림 단을 6단마다 8회 더 반복한다.
총 72 (78, 82, 88, 94) (100, 104, 110, 116)코.

모든 사이즈: 소매 편물이 40㎝가 될 때까지 이미 만들어진
무늬대로 진행한다.

소매산 모양 만들기: 다음 2단을 뜨는데 단의 시작에서 4코
씩 코막음한다. 다음 2단을 뜨는데 단의 시작에서 3코씩 코막
음한다. 다음 2단을 뜨는데 단의 시작에서 2코씩 코막음한다.
코줄임 단(겉면): 겉뜨기3, 왼코줄임, 왼손 바늘에 5코 남을
때까지 겉뜨기, 오른코줄임, 겉뜨기3.
이 코줄임 단을 매 겉면 단마다 5 (7, 9, 11, 13) (15, 17, 19, 21)
회 더 반복한다.

다음 2단을 뜨는데 단의 시작에서 2코씩 코막음한다. 다음 2
단을 뜨는데 단의 시작에서 3코씩 코막음한다. 다음 2단을 뜨
는데 단의 시작에서 4코씩 코막음한다. 남은 24 (26, 26, 28,
30) (32, 32, 34, 36)코를 코막음한다.

앞판
3.25㎜ 바늘을 사용해서, 고무뜨기 케이블코잡기(123쪽 설명
참고)로 150 (166, 174, 190, 198) (214, 230, 238, 254)코 만
든다.

다음 단(안면): *겉뜨기1, 안뜨기1*, *~*을 단 끝까지 반복
한다. 2코고무뜨기(121쪽 설명 참고)로 바꿔 2단 뜬다.
세팅 단 그리고 코줄임 단(겉면): 양쪽 끝에서 1 (9, 13, 21,
25) (33, 41, 45, 53)코에 단코표시링을 걸어 표시한다. 단코
표시링까지 이미 만들어진 대로 고무뜨기, 단코표시링 옮긴
다, 오른코줄임, 단코표시링 2코 전까지 이미 만들어진 고무
뜨기, 왼코줄임, 단 끝까지 이미 만들어진 고무뜨기. 보이는
대로(겉뜨기 코는 겉뜨기, 안뜨기 코는 안뜨기) 3단 뜬다.

코줄임 단(겉면): 단코표시링까지 이미 만들어진 대로 고무
뜨기, 단코표시링 옮긴다, 오른코줄임, 단코표시링 2코 전까
지 이미 만들어진 대로 고무뜨기, 왼코줄임, 단 끝까지 이미
만들어진 대로 고무뜨기한다.
이어지는 섹션에서는 경사뜨기로 모양을 만들며 계속해서 코
줄임을 4단마다 진행할 것이다.
중심의 34코 양쪽 끝에 단코표시링을 걸어 표시한다. (이제
총 4개의 단코표시링이 걸려 있다)

안면 단(경사뜨기): 2번째 단코표시링까지 이미 만들어진 고
무뜨기로 진행한다, 편물을 뒤집는다.
***겉면 단:** 더블스티치 만든다, 단 끝까지 보이는 대로 뜬다.
안면 단(경사뜨기): 마지막 더블스티치 3코 전까지 이미 만
들어진 고무뜨기로 진행한다, 편물을 뒤집는다.
겉면 단(코줄임): 더블스티치 만든다, 다음 단코표시링 2코
전까지 보이는 대로 뜬다, 왼코줄임, 단코표시링 옮긴다, 단
끝까지 보이는 대로 뜬다.
안면 단(경사뜨기): 마지막 더블스티치 3코 전까지 이미 만
들어진 고무뜨기로 진행한다, 편물을 뒤집는다.*
*~*를 4회 더 반복한다(총 5회).
겉면 단: 더블스티치 만든다, 단 끝까지 보이는 대로 뜬다.
안면 단(경사뜨기): 마지막 더블스티치 3코 전까지 이미 만
들어진 고무뜨기로 진행한다, 편물을 뒤집는다.
겉면 단(코줄임): 더블스티치 만든다, 다음 단코표시링 2코
전까지 보이는 대로 뜬다, 왼코줄임, 단코표시링 옮긴다, 단
끝까지 보이는 대로 뜬다.
경사뜨기 12단 떴고, 중심 코의 이쪽 편에서 총 8번 코줄임했다.

다음 단(안면): 더블스티치를 만나면 하나의 코처럼 뜨면서,
단 끝까지 고무뜨기한다.
겉면 단(경사뜨기): 2번째 단코표시링까지 이미 만들어진 대
로 고무뜨기, 편물을 뒤집는다.
***안면 단:** 더블스티치 만든다, 마지막 더블스티치 3코 전까지
보이는 대로 뜬다, 편물을 뒤집는다.
겉면 단(코줄임, 경사뜨기): 첫 번째 단코표시링까지 이미 만
들어진 대로 고무뜨기, 단코표시링 옮긴다, 오른코줄임, 마지
막 더블스티치 3코 전까지 이미 만들어진 대로 고무뜨기, 편
물을 뒤집는다.
안면 단: 더블스티치 만든다, 단 끝까지 보이는 대로 뜬다.
겉면 단(경사뜨기): 더블스티치 만든다, 마지막 더블스티치
3코 전까지 보이는 대로 뜬다, 편물을 뒤집는다.*
*~*를 4회 더 반복한다(총 5회).
안면 단: 더블스티치 만든다, 단 끝까지 보이는 대로 뜬다.
겉면 단(코줄임 & 경사뜨기): 첫 번째 단코표시링까지 이미
만들어진 대로 고무뜨기, 단코표시링 옮긴다, 오른코줄임, 마
지막 더블스티치 3코 전까지 이미 만들어진 대로 고무뜨기,
편물을 뒤집는다.
안면 단: 더블스티치 만든다, 단 끝까지 보이는 대로 뜬다.
경사뜨기 12단 떴고, 중심 코의 이쪽 편에서 총 8번 코줄임했다.
총 134 (150, 158, 174, 182) (198, 214, 222, 238)코.

125

퍼레니얼 스웨터

겉면 단: 더블스티치를 만나면 하나의 코처럼 뜨면서, 단 끝까지 고무뜨기한다.

4mm 바늘로 바꾼다.
세팅 단(안면): 두 번째 단코표시링까지 안뜨기, 도안A 세팅 단을 뜬다, 단 끝까지 안뜨기한다.
총 136 (152, 160, 176, 184) (200, 216, 224, 240)코. (주의: 도안 세팅 단에서 2코 늘어난다)
스페셜 케이블 단(겉면): 단코표시링까지 겉뜨기, 단코표시링 제거한다, 겉뜨기1, 2/2 LC 교차뜨기를 12회 반복, 도안A의 1단 뜬다, 2/2 RC 교차뜨기를 12회 반복, 겉뜨기1, 단코표시링 제거한다, 단 끝까지 겉뜨기한다.
코줄임 단(안면): *안뜨기6 (5, 6, 5, 7) (6, 4, 6, 5), 안뜨기로 2코모아뜨기*, *~*를 총 6 (8, 7, 9, 8) (10, 13, 11, 14)회 반복, 안뜨기2 (2, 6, 7, 2) (2, 12, 6, 4), 단코표시링 건다, 도안A 다음 단을 뜬다, 단코표시링 건다, 안뜨기2 (2, 6, 7, 2) (2, 12, 6, 4), 안면에서 오른코줄임, *안뜨기6 (5, 6, 5, 7) (6, 4, 6, 5), 안면에서 오른코줄임*, *~*을 총 5 (7, 6, 8, 7) (9, 12, 10, 13)회 반복, 안면에서 오른코줄임, 남은 6 (5, 6, 5, 7) (6, 4, 6, 5)코를 안뜨기한다.
총 124 (136, 146, 158, 168) (180, 190, 202, 212)코.
겉면 단: 단코표시링까지 겉뜨기, 단코표시링 옮긴다, 도안A 다음 단을 뜬다, 단코표시링 옮긴다, 단 끝까지 겉뜨기한다.
안면 단: 단코표시링까지 안뜨기, 단코표시링 옮긴다, 도안A 다음 단을 뜬다, 단코표시링 옮긴다, 단 끝까지 안뜨기한다.
이미 만들어진 무늬대로 4 (4, 4, 4, 4) (6, 6, 6, 8)단 뜬다.

주의: 몇몇 사이즈에서는 케이블 변경이 진동 모양 만들기 전에 일어나고, 몇몇 사이즈에서는 진동 모양 만들기 후에 일어난다. 그리고 진동까지의 스웨터 길이를 바꿨다면 달라질 수 있다. 진행하기 전에 다음의 섹션을 주의 깊게 읽는다.

코줄임 단(겉면): 겉뜨기3, 왼코줄임, 왼손 바늘에 5코 남을 때까지 이미 만들어진 무늬대로 진행한다, 오른코줄임, 겉뜨기3. 이 코줄임 단을 6 (6, 6, 6, 6) (8, 8, 8, 8)단마다 5회 더 반복한다.
총 112 (124, 134, 146, 156) (168, 178, 190, 200)코.

편물이 시작점에서 28 (28, 28, 28, 28) (29, 30.5, 32, 33, 34.5)㎝ 혹은 진동까지 원하는 길이가 될 때까지 이미 만들어진 무늬대로 진행하는데, 마지막으로 뜨는 단이 안면 단이 되

도록 맞춘다.
진동 모양 만들기 시작 전에 케이블 변경이 시작될 수도 있음을 기억한다(다음 설명 참고).

진동 모양 만들기: 다음 2단을 뜨는데 단의 시작에서 4코씩 코막음한다. 다음 2 (4, 4, 6, 6) (8, 8, 8, 10)단을 뜨는데 단의 시작에서 3코씩 코막음한다. 다음 4 (4, 6, 6, 8) (8, 10, 12, 12)단을 뜨는데 단의 시작에서 2코씩 코막음한다.

케이블 변경

동시에, 도안A 14단을 4 (4, 4, 4, 4) (4, 5, 5, 5)회 완성하면, 편물의 겉면이 보이는 상태에서, 오른쪽의 단코표시링을 오른쪽으로 17코 옮기고, 왼쪽의 단코표시링을 왼쪽으로 17코 옮긴다. 옆선 모양 만들기(혹은 진동 모양 만들기)를 계속하면서, 겉면의 단코표시링 사이에서 새로운 케이블 무늬를 세팅한다: 도안B 뜬다, 도안A 뜬다, 도안C 뜬다. 도안B, 도안C를 완성하면, 다음 겉면 단의 단코표시링 사이에서, 도안D, 다음에 도안A, 그다음에 도안E로 바꿔 뜬다.

이 진동 모양 만들기를 끝내면, 진동 가장자리에서 코줄임 단을 진행한다.

코줄임 단(겉면): 겉뜨기3, 왼코줄임, 왼손 바늘에 5코 남을 때까지 겉뜨기, 오른코줄임, 겉뜨기3.

이 코줄임 단을 겉면 단마다 1 (1, 2, 2, 2) (2, 4, 4, 4)회 더 반복한다. 총 86 (92, 96, 102, 108) (114, 116, 118, 122)코.

진동길이가 10 (11.5, 12.5, 14, 15) (16.5, 18, 19, 20.5)㎝가 될 때까지 무늬대로 진행하는데, 마지막으로 뜨는 단이 겉면 단이 되도록 맞춘다. (겉면 어느 단이든 괜찮다.)

앞판 네크라인 모양 만들기: 중심의 24 (24, 26, 28, 30) (30, 32, 34, 34)코에 단코표시링을 걸어 표시한다. 단코표시링까지 뜬다, 새 실을 연결해서 중심의 24 (24, 26, 28, 30) (30, 32, 34, 34)코 코막음한다. 양쪽에 각각 연결된 실을 사용해서, 양쪽 네크라인 가장자리에서 4코씩 1회, 3코씩 1회, 2코씩 3회 코막음한다.
다음 겉면 단(코줄임): 네크라인 가장자리 3코 전까지 뜬다, 오른코줄임, 겉뜨기1. 두 번째 네크라인 가장자리에서 겉뜨기1, 왼코줄임, 단 끝까지 뜬다. 이 코줄임 단을 매 겉면 단마다

3회 더 반복한다.
양쪽에 각각 14 (17, 18, 20, 22) (25, 25, 25, 27)코.

앞판 편물이 뒤판 어깨까지 길이와 같아질 때까지 이미 만들어진 무늬대로 뜬다.
다음 4 (2, 4, 8, 4) (2, 2, 2, 2)단을 뜨는데 단(바깥쪽 가장자리)의 시작에서 4 (5, 5, 5, 5) (7, 7, 7, 6)코씩 코막음한다. 다음 4 (6, 4, −, 4) (6, 6, 6, 6)단을 뜨는데 단의 시작에서 3 (4, 4, −, 6) (6, 6, 6, 7)코씩 코막음한다.

마무리

각각의 편물을 적셔서 블로킹하고, 블로킹 보드에 치수에 맞춰 핀을 꽂아 마르도록 둔다. 앞판과 뒤판, 양쪽 소매를 연결한다.

넥밴드: 3.25mm 줄바늘을 사용해서 편물의 겉면이 보이는 상태에서, 뒷목 중심에서 시작해, 116 (120 124, 128, 132) (136, 140, 144, 148)코 줍는다.
2코고무뜨기 원통뜨기로 3cm 뜬다. *겉뜨기1, 안뜨기1*, *~*을 단 끝까지 반복한다. 둥근코 마무리 기법으로 코막음한다.

둥근코 마무리

세팅: 코막음할 길이의 최소 3배를 남기고, 실을 자르고 돗바늘에 꿴다.
스텝1: 오른쪽에서 왼쪽으로 진행하며, 돗바늘을 첫 번째 코(겉뜨기 코)에 안뜨기하듯이 넣어 실을 당겨 빼낸다.
스텝2: 돗바늘을 첫 번째 코 뒤에 놓고, 다음 코(안뜨기 코)에 겉뜨기하듯이 넣어 실을 당겨 빼낸다.
스텝3: 돗바늘을 다시 앞쪽으로 가져와 첫 번째 코(겉뜨기 코)에 겉뜨기하듯이 넣고, 바늘에서 이 코를 빼낸다.
스텝4: 돗바늘을 편물 앞에 둔 채로, 바늘의 첫 번째 코(안뜨기 코)를 건너뛰고 돗바늘을 다음 코(겉뜨기 코)에 안뜨기하듯이 넣고 실을 당겨 빼낸다.
스텝5: 돗바늘을 첫 번째 코(안뜨기 코)에 안뜨기하듯이 넣고 실을 당겨 빼낸다, 바늘에서 이 코를 빼낸다.
스텝6: 돗바늘을 바늘의 첫 번째 코 뒤에 두고, 돗바늘을 다음 코(겉뜨기 코)에 겉뜨기하듯이 넣고 실을 당겨 빼낸다.
스텝3~6을 2코 남을 때까지 반복한다. 스텝3을 1회 더 진행한다, 그러면 1코 남는다. 돗바늘을 마지막 코에 안뜨기하듯이 넣고 실을 빼낸다. 풀리지 않게 단단히 잡아당긴다.

둥근코 마무리 강의:
shibuiknits.com/pages/tubular-bind-off

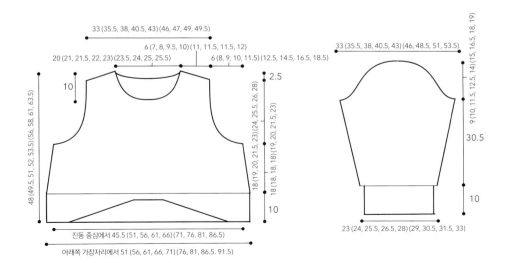

도안A

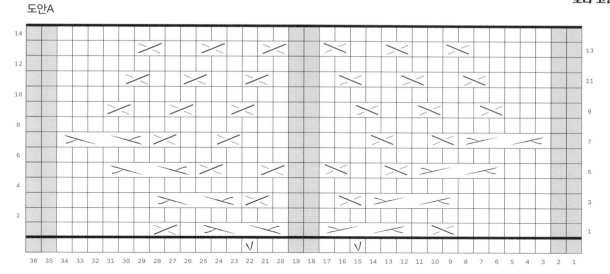

도안B

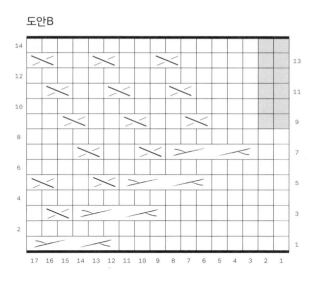

도안C

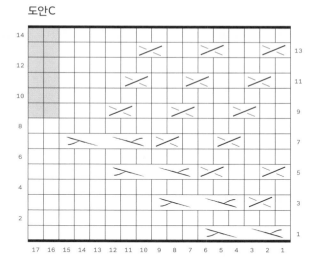

퍼레니얼 스웨터

도안D

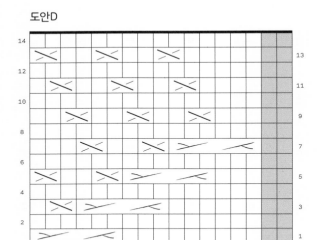

도안E

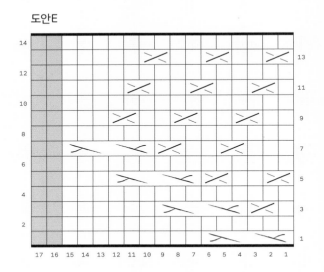

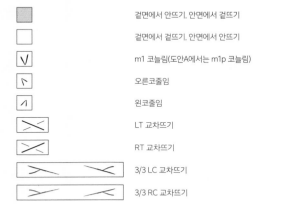

겉면에서 안뜨기, 안면에서 겉뜨기

겉면에서 겉뜨기, 안면에서 안뜨기

m1 코늘림(도안A에서는 m1p 코늘림)

오른코줄임

왼코줄임

LT 교차뜨기

RT 교차뜨기

3/3 LC 교차뜨기

3/3 RC 교차뜨기

131

예스터이어스

YESTERYEARS

"저는 배색이 잘된 요크를 좋아합니다! 그 덕분에 뜨개질에 푹 빠지게 됐죠. 특히 그래픽적인 배색과 전통과 현대를 혼합하는 재미를 좋아해요. 이 디자인에는 가능한 모든 색상 조합에 쉽게 적용할 수 있는 정말 대담한 그래픽을 원했습니다."

사이즈
1 (2, 3, 4, 5) (6, 7, 8, 9)
권장 여유분: 5~10㎝ 플러스 여유분. 오리지널 샘플(회색)은 사이즈3. 러스트 색상을 사용한 크롭 버전의 두 번째 샘플은 사이즈5.

완성 치수
가슴둘레: 85.5 (96.5, 105, 115.5, 126.5) (137, 145.5, 156, 167)㎝
진동 중심에서 밑단까지 길이: 40 (42.5, 44, 45, 46.5) (47.5, 50, 50, 50)㎝
크롭 버전: 27.5㎝
소매길이:
롱 버전: 42.5 (45, 45, 47.5, 49) (50, 51.5, 52.5, 52.5)㎝
크롭 버전: 30.5㎝
요크길이: 20.5 (23, 23, 25, 26.5) (26.5, 29, 29, 32)㎝
위팔둘레: 33 (35.5, 37.5, 40.5, 42.5) (45.5, 51.5, 53.5, 56.5)㎝

재료
실: 라비앵 에메의 코리워스티드(포클랜드 코리데일 울 75%, 고틀란드 울 25%. 230m – 100g)
바탕실: 4 (4, 4, 5, 5) (5, 6, 6, 7)타래
오리지널 샘플은 페인스그레이 색상(두 번째 샘플은 샌드스톤 색상)
배색실: 1 (1, 1, 1, 1, 2, 2, 2, 2)타래
오리지널 샘플은 본 색상(두 번째 샘플은 러스트 색상)
혹은 다음과 같은 분량의 워스티드 굵기 실:
바탕실 698 (766, 844, 928, 1022) (1125, 1237, 1361, 1498)m
배색실 144 (158, 174, 192, 210) (231, 254, 279, 306)m
바늘:
몸판용: 100㎝ 길이의 4㎜ 줄바늘, 혹은 게이지 치수를 얻는 데 필요한 호수의 바늘
고무뜨기용: 100㎝ 길이의 3.5㎜ 줄바늘, 혹은 몸판을 뜨는 바늘보다 2호 작은 사이즈의 바늘
좁은 둘레를 뜰 때는 매직루프 기법 사용
부자재: 단코표시링, 안전핀 혹은 자투리실, 돗바늘

게이지
19코×27단=10×10㎝ / 4㎜ 바늘로 메리야스뜨기 원통뜨기, 블로킹 후 잰 치수
19코×24.5단=10×10㎝ / 4㎜ 바늘로 배색뜨기 원통뜨기, 블로킹 후 잰 치수

스페셜 기법

독일식 경사뜨기
1. 겉면에서 뜨는 경우
    a) 필요한 콧수까지 겉뜨기한다
    b) 편물을 안면이 보이도록 뒤집는다
    c) 실을 편물 앞에 두고 안뜨기하듯이 1코걸러뜨기한다
    d) 코의 2개의 가닥이 보이도록 실을 잡아당겨 더블스티치를 만든다
    e) 안면의 코를 뜰 수 있도록 실을 제 위치로 가져온다
2. 안면에서 뜨는 경우
    a) 필요한 콧수까지 안뜨기한다
    b) 편물을 겉면이 보이도록 뒤집는다
    c) 실을 편물 앞에 두고 안뜨기하듯이 1코걸러뜨기한다
    d) 코의 2개의 가닥이 보이도록 실을 잡아당겨 더블스티치를 만든다
    e) 겉면의 코를 뜨기 시작한다

더블스티치를 정리하려면, 2개의 가닥을 하나의 코처럼 함께 겉뜨기 혹은 안뜨기한다.

감아코잡기
1. 작업 중이던 실을 왼손 엄지 위에 놓는다
2. 오른손 바늘을 사용해서 왼손 엄지 아래쪽의 실 아래로 지나가, 왼손 엄지 위쪽의 실 위로 지나간다
3. 오른손 바늘의 방금 만들어낸 코를 잡아당긴다
4. 1~3단계를 반복해 필요한 콧수만큼 만든다

에스터이어스 스웨터

일반코잡기

시작 고리를 만들기 전에 앞으로 만들 콧수를 감당할 수 있을 만큼 실끝을 완성 편물 너비의 3배쯤 남겨둬야 한다. 예를 들어 25㎝ 너비를 뜨고 싶다면, 75㎝에 정리할 15㎝를 더해 총 90㎝의 실끝을 남겨야 한다.

1. 적당한 길이로 실끝을 남기고, 시작 고리를 만든다. 시작 고리를 바늘 한쪽에 걸고 실끝을 살짝 당겨 바늘에 꼭 맞게 한다. 바늘 끝이 왼쪽을 향하게 하고 바늘을 오른손에 잡는다.
2. 작업의 대부분은 오른손 바늘로 진행한다. 시작 고리 아래 2개의 실끝을 왼손에 쥔다. 왼손 엄지와 검지를 실 2가닥 안으로 넣는다(길게 남겨둔 실이 엄지 위로 가고, 진행할 실이 검지 위로 가야 한다).
3. 손가락을 펴고 바늘을 아래로 내려 실이 엄지와 검지 사이에 V 모양이 되도록 만든다. 오른손 검지로 바늘에 있는 시작 고리를 잡아 고정할 수 있다.
4. a) 바늘을 엄지 실 아래로 통과시킨다
   b) 검지 실 위로 보낸다
   c) 그리고 다시 엄지 실 뒤로 보낸다
   d) 엄지를 실에서 빼내고 실끝을 살짝 당겨 코를 조인다
   e) 4의 a~d 단계를 반복해 원하는 콧수를 만든다.

만드는 법

에스터이어스 스웨터는 네크라인에서 시작해서 위에서 아래로 하나의 편물로 뜬다. 전체에 솔기가 없고, 요크의 대담한 배색이 특징이다.

넥밴드

배색실과 3.5㎜ 바늘을 사용해서, 일반코잡기로 90 (90, 96, 96, 96) (96, 102, 102, 102)코 만든다.
코가 꼬이지 않도록 조심하면서, 단 시작 표시링을 걸고 원통으로 잇는다.

1단(고무뜨기): *겉뜨기2, 안뜨기1*을 단 끝까지 반복, 단코표시링 옮긴다.
1단을 고무뜨기 단이 3㎝가 될 때까지 반복한다.
4㎜ 바늘로 바꾼다.
다음 단: 단 끝까지 겉뜨기한다. 단코표시링 옮긴다.

뒤판 모양 만들기

이어지는 섹션에서, 독일식 경사뜨기 기법으로 평뜨기해 스웨터 뒤판에 약간의 길이를 더해줄 것이다.

경사뜨기 1단: 겉뜨기10, 편물을 뒤집는다.
경사뜨기 2단: 더블스티치 만든다, 단코표시링까지 안뜨기, 단코표시링 옮긴다, 안뜨기30 (30, 32, 32, 32) (32, 34, 34, 34), 단코표시링 건다, 안뜨기10, 편물을 뒤집는다.
경사뜨기 3단: 더블스티치 만든다, *단코표시링까지 겉뜨기, 단코표시링 옮긴다*를 2회 반복, 겉뜨기7, 편물을 뒤집는다.
경사뜨기 4단: 더블스티치 만든다, *단코표시링까지 안뜨기, 단코표시링 옮긴다*를 2회 반복, 안뜨기7, 편물을 뒤집는다.
경사뜨기 5단: 더블스티치 만든다, *단코표시링까지 겉뜨기, 단코표시링 옮긴다*를 2회 반복, 겉뜨기4, 편물을 뒤집는다.
경사뜨기 6단: 더블스티치 만든다, 단코표시링까지 안뜨기, 단코표시링 옮긴다, 단코표시링까지 안뜨기, 단코표시링 제거한다, 안뜨기4, 편물을 뒤집는다.
다음 단: 더블스티치 만든다, 단 끝까지 겉뜨기한다. 단코표시링 옮긴다.

요크

1단을 뜰 때, 더블스티치의 2가닥을 하나의 코처럼 뜬다.
사이즈1과 2만 해당
1단(코늘림): *겉뜨기15, m1l 코늘림*, *~*을 단 끝까지 반복, 단코표시링 옮긴다. (6코 늘어남)
사이즈3만 해당
1단(코늘림): *겉뜨기8, m1l 코늘림*, *~*을 단 끝까지 반복, 단코표시링 옮긴다. (12코 늘어남)
사이즈4만 해당
1단: 단 끝까지 겉뜨기한다. 단코표시링 옮긴다.
사이즈5만 해당
1단(코늘림): *겉뜨기12, m1l 코늘림*, *~*을 단 끝까지 반복, 단코표시링 옮긴다. (8코 늘어남)
사이즈6만 해당
1단(코늘림): *겉뜨기6, m1l 코늘림*, *~*을 단 끝까지 반복, 단코표시링 옮긴다. (16코 늘어남)
사이즈7만 해당
1단(코늘림): *겉뜨기5, m1l 코늘림, 겉뜨기6, m1l 코늘림*, *~*을 3코 남을 때까지 반복, 겉뜨기3, 단코표시링 옮긴다. (18코 늘어남)
사이즈8만 해당
1단(코늘림): *겉뜨기4, m1l 코늘림*, *~*을 2코 남을 때까지 반복, 겉뜨기1, m1l 코늘림, 겉뜨기1, 단코표시링 옮긴다. (26코 늘어남)

사이즈9만 해당
1단(코늘림): *겉뜨기3, m1l 코늘림*, *~*을 단 끝까지 반복, 단코표시링 옮긴다. (34코 늘어남)
총 96 (96, 108, 96, 104) (112, 120, 128, 136)코.

모든 사이즈
2~4단: 단 끝까지 겉뜨기한다. 단코표시링 옮긴다.
5단(코늘림): *겉뜨기4 (3, 3, 2, 2) (2, 2, 2, 2), m1l 코늘림*, *~*을 0 (0, 6, 0, 0) (0, 0, 0, 0)코 남을 때까지 반복, 단 끝까지 겉뜨기한다. 단코표시링 옮긴다. [24 (32, 34, 48, 52, 56, 60, 64, 68)코 늘어남]
총 120 (128, 142, 144, 156) (168, 180, 192, 204)코.
6~7단: 단 끝까지 겉뜨기한다. 단코표시링 옮긴다.
8단(코늘림): *겉뜨기5 (4, 4, 3, 3) (3, 3, 3, 3), m1l 코늘림*, *~*을 0 (0, 6, 0, 0) (0, 0, 0, 0)코 남을 때까지 반복, 단 끝까지 겉뜨기한다. 단코표시링 옮긴다. [24 (32, 34, 48, 52) (56, 60, 64, 68)코 늘어남]
총 144 (160, 176, 192, 208) (224, 240, 256, 272)코.
9단: *겉뜨기16, 단코표시링 건다*, *~*를 단 끝까지 반복, 단코표시링 옮긴다.
아래에서 도안을 시작하는데, 오른쪽에서 왼쪽으로 뜨고 지시사항대로 실을 바꾸며, 각 단마다 9 (10, 11, 12, 13) (14, 15, 16, 17)회 도안을 반복하며 지시한 곳에서 코늘림한다.
총 252 (280, 308, 336, 364) (392, 420, 448, 476)코.

배색실을 자른다. 단 시작 표시링을 제외하고 모든 단코표시링을 제거한다. 요크가 앞판 코잡은 가장자리에서 재서 20.5 (23, 23, 25, 26.5) (26.5, 29, 29, 32)㎝ 혹은 원하는 길이가 될 때까지 메리야스뜨기한다.

몸판 그리고 소매 분리
단코표시링 제거한다, 다음 54 (58, 63, 68, 72) (77, 85, 89, 94)코를 자투리실이나 안전핀에 옮겨 쉼코로 둔다. 감아코잡기로 4 (4, 3, 4, 4) (4, 5, 5, 6)코 만든다, 단 시작 표시링을 건다, 4 (4, 4, 4, 4) (5, 6, 6, 6)코 만든다. 겉뜨기로 72 (82, 91, 100, 110) (119, 125, 135, 144)코 뜬다. 다음 54 (58, 63, 68, 72) (77, 85, 89, 94)코를 쉼코로 둔다. 감아코잡기로 8 (8, 7, 8, 8) (9, 11, 11, 12)코 만든다. 단 끝까지 겉뜨기한다. 단코표시링 옮긴다.
총 160 (180, 196, 216, 236) (256, 272, 292, 312)코.

롱 버전: 스웨터가 진동 중심에서 재서 34.5 (37, 38, 39.5,

40.5) (42, 44.5, 44.5, 44.5)㎝가 될 때까지 혹은 원하는 총길이에서 6.5㎝ 모자랄 때까지 메리야스뜨기한다. 고무뜨기 부분으로 간다.

크롭 버전: 스웨터가 진동 중심에서 재서 20.5㎝가 될 때까지 혹은 원하는 총길이에서 6.5㎝ 모자랄 때까지 메리야스뜨기한다. 고무뜨기 부분으로 간다.

고무뜨기
1단(코줄임): *겉뜨기14 (13, 17, 16, 19) (17, 22, 24, 24), 왼코줄임*, *~*을 총 10 (12, 10, 12, 11) (13, 11, 11, 12)회 반복, 단 끝까지 겉뜨기한다. 단코표시링 옮긴다. [10 (12, 10, 12, 11) (13, 11, 11, 12)코 줄어듦]
총 150 (168, 186, 204, 225) (243, 261, 281, 300)코.
3.5㎜ 바늘로 바꾼다.
2단(고무뜨기): *겉뜨기2, 안뜨기1*을 단 끝까지 반복, 단코표시링 옮긴다.
2단을 고무뜨기 단이 6.5㎝가 될 때까지 반복한다.
무늬대로 뜨면서 느슨하게 모든 코 코막음한다.

소매
쉼코로 두었던 한쪽 소매 54 (58, 63, 68, 72) (77, 85, 89, 94)코를 4㎜ 바늘로 옮긴다. 바탕실을 사용해서, 몸판 진동 코잡은 가장자리의 가운데서 시작해 진동에서 4 (4, 3, 4, 4) (4, 5, 5, 6)코 줍는다, 겉뜨기54 (58, 63, 68, 72) (77, 85, 89, 94), 진동에서 4 (4, 4, 4, 4) (5, 6, 6, 6)코 줍는다, 단 시작 표시링을 걸고 원통으로 잇는다.
총 62 (66, 70, 76, 80) (86, 96, 100, 106)코.

긴소매
소매 편물이 진동 중심에서 재서 7.5 (5, 5, 4, 4) (5, 5, 4, 5)㎝가 될 때까지 메리야스뜨기한다.

다음 단(코줄임): 겉뜨기2, 오른코줄임, 왼손 바늘에 3코 남을 때까지 겉뜨기, 왼코줄임, 겉뜨기1, 단코표시링 옮긴다. (2코 줄어듦)
이 코줄임 단을 8 (8, 8, 7, 7) (6, 5, 5, 4)번째 단마다 총 9 (11, 11, 14, 14) (17, 20, 22, 25)회 반복한다.
총 44 (44, 48, 48, 52) (52, 56, 56, 56)코.

소매 편물이 37 (39.5, 39.5, 42, 43) (44.5, 45.5, 47, 47)㎝가 될 때까지 혹은 원하는 총길이보다 6.5㎝ 모자랄 때까지 메리

에스터이어스 스웨터

야스뜨기한다.

긴소매 소맷단

3.5mm 바늘로 바꾼다.

1단(코줄임): *겉뜨기20 (20, 14, 14, 11) (11, 12, 12, 12), 왼코줄임*, *~*을 단 끝까지 반복, 단코표시링 옮긴다. [2 (2, 3, 3, 4) (4, 4, 4, 4)코 줄어듦]
총 42 (42, 45, 45, 48) (48, 52, 52, 52)코.
2단(고무뜨기): *겉뜨기2, 안뜨기1*을 단 끝까지 반복, 단코표시링 옮긴다.
2단을 고무뜨기 단이 6.5cm가 될 때까지 반복한다.

무늬대로 뜨면서 느슨하게 모든 코 코막음한다. 반대쪽 소매도 앞의 설명과 동일하게 뜬다.

크롭 소매

1단: 단 끝까지 겉뜨기한다. 단코표시링 옮긴다.
2단(코줄임): 겉뜨기2, 오른코줄임, 왼손 바늘에 3코 남을 때까지 겉뜨기, 왼코줄임, 겉뜨기1, 단코표시링 옮긴다. (2코 줄어듦)
2단(코줄임)을 7 (6, 6, 6, 6) (6, 4, 4, 3)번째 단마다 총 8 (9, 10, 10, 10) (10, 13, 14, 17)회 반복한다.
총 46 (48, 50, 56, 60) (66, 70, 72, 72)코.

소매 편물이 24cm가 될 때까지, 혹은 원하는 총길이보다 6.5cm 모자랄 때까지 메리야스뜨기한다.

크롭 소매 소맷단

3.5mm 바늘로 바꾼다.
사이즈1, 7만 해당
1단(코줄임): 겉뜨기23 (-, -, -, -) (-, 35, -, -), 왼코줄임, 단 끝까지 겉뜨기, 단코표시링 옮긴다. [1 (-, -, -, -) (-, 1, -, -)코 줄어듦]
사이즈3, 4만 해당
1단(코줄임): *겉뜨기 - (-, 23, 26, -) (-, -, -, -), 왼코줄임*, *~*을 단 끝까지 반복, 단코표시링 옮긴다. [- (-, 2, 2, -) (-, -, -, -)코 줄어듦]
사이즈2, 5, 6, 8, 9만 해당
1단: 단 끝까지 겉뜨기한다. 단코표시링 옮긴다.
총 45 (48, 48, 54, 60) (66, 69, 72, 72)코.

모든 사이즈
2단(고무뜨기): *겉뜨기2, 안뜨기1*을 단 끝까지 반복, 단코표시링 옮긴다.
2단을 고무뜨기 단이 6.5cm가 될 때까지 반복한다.
무늬대로 뜨면서 느슨하게 모든 코 코막음한다.
반대쪽 소매도 앞의 설명과 동일하게 뜬다.

마무리

실을 정리한다. 치수에 맞춰 블로킹한다.

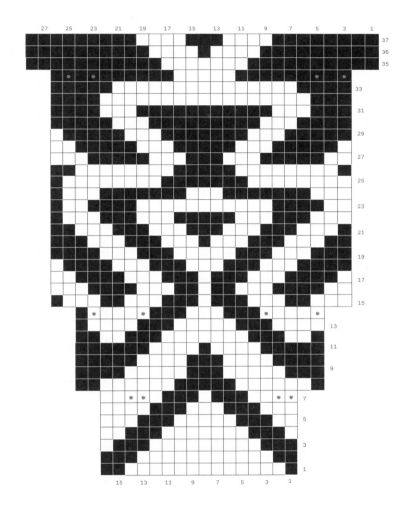

바탕실

배색실

겉뜨기1, m1l 코늘림

캐널

CANAL

"에메와 저는 니트웨어 디자인, 섬유, 직물 구성, 직물 일반에 대해 꽤 자주 이야기를 나눕니다. 저는 종종 다른 직물에서 뜨개질에 대한 영감을 얻는다고 말한 적이 있지요. 에메가 이 책 프로젝트에 참여해달라고 요청했을 때, 저는 즉시 다른 직물 이미지를 제 옷에 통합하고 싶었습니다. 저는 표면을 가로지르는 구불구불한 실을 떠올렸고 그 아이디어를 실험했습니다. 많은 샘플을 떠보고 나서 다른 색상의 표면 위에 여러 색이 있는 케이블을 선택했습니다. 이 판초는 한 가지 또는 15가지 색상으로 만들 수 있어서 다양한 조합을 시도해볼 수 있습니다."

사이즈

1 (2, 3, 4)
권장 여유분: 50㎝ 플러스 여유분
사진 속 메인 샘플(분홍색)은 크롭 버전에 사이즈3. 두 번째 샘플(회색)은 사이즈1.

완성 치수

팔을 옆으로 벌리고, 가슴에서 가장 넓은 부분의 둘레를 잰다. 그리고 19~36㎝를 더해서 가장 가까운 사이즈를 선택한다. 고민될 때는 큰 사이즈를 선택할 것.
둘레: 134.5 (155, 175.25, 197)㎝
진동 모양 만들기 시작점까지 옆선 길이: 크롭 버전: 43 (40, 38, 33)㎝, 기본 버전: 54 (50.5, 49, 44)㎝
어깨 위까지 몸판 길이: 크롭 버전 58㎝, 기본 버전 68㎝
네크라인 둘레: 62 (62, 66, 66)㎝

재료

실: 라비앙 에메의 코리워스티드(포클랜드 코리데일 울 75%, 고틀란드 울 25%, 230m – 100g)
A: 하이가든 크롭 버전 3 (4, 4, 5)타래, 기본 버전 4 (5, 5, 6)타래
B: 벨 로제 1타래
C: 모리아 1타래
D: 키츠네 1타래
혹은 다음과 같은 분량의 워스티드 굵기 실:
크롭 버전:
색상A: 660 (690, 840, 1005)m
색상B: 75 (80, 85, 90)m
색상C: 30 (30, 35, 35)m
색상D: 50 (55, 60, 65)m
기본 버전:
색상A: 730 (935, 1135, 1350)m
색상B: 110 (115, 120, 125)m
색상C: 35 (35, 40, 40)m
색상D: 60 (65, 70, 75)m
두 번째 샘플에서는
바탕실: 본 3타래
배색실: 아부안 1타래
바늘: 40㎝·80㎝ 길이의 4mm 줄바늘
부자재: 단코표시링(서로 다른 색깔), 꽈배기바늘(큰 클립 마커 사용 가능), 돗바늘

게이지

17코×24단=10×10㎝ / 4mm 바늘로 아메리칸 멍석뜨기, 블로킹 후 잰 치수
중심의 74코 패널은 32㎝, 블로킹 후 잰 치수

약어

2/2 LC 교차뜨기 안뜨기: 꽈배기바늘에 2코 옮겨 실과 함께 편물 앞에 두고, 안뜨기2(바탕실), 꽈배기바늘의 2코 겉뜨기

2/2 RC 교차뜨기 안뜨기: 꽈배기바늘에 2코(바탕실) 옮겨 실과 함께 편물 뒤에 두고, 겉뜨기2, 꽈배기바늘의 2코 안뜨기

2/2 LC 교차뜨기: 꽈배기바늘에 2코 옮겨 실과 함께 편물 앞에 두고, 겉뜨기2, 꽈배기바늘의 2코 겉뜨기. 나는 바탕실을 첫 번째 케이블 실 위로, 다음 코를 뜰 때는 두 번째 케이블 실 아래로 가져왔다.

2/2 RC 교차뜨기: 꽈배기바늘에 2코 옮겨 실과 함께 편물 뒤에 두고, 겉뜨기2, 꽈배기바늘의 2코 겉뜨기. 나는 바탕실을 첫 번째 케이블 실 위로, 다음 코를 뜰 때는 두 번째 케이블 실 아래로 가져왔다.

2/2 LC 교차뜨기 멍석뜨기: 꽈배기바늘에 2코 옮겨 실과 함께 편물 앞에 두고, 겉뜨기1, 안뜨기1(바탕실), 꽈배기바늘의 2코 겉뜨기

2/2 RC 교차뜨기 멍석뜨기: 꽈배기바늘에 2코(바탕실) 옮겨 편물 뒤에 두고, 겉뜨기2, 꽈배기바늘의 2코를 안뜨기1, 겉뜨기1

무늬

아메리칸 멍석뜨기(1코 2단 멍석뜨기)
짝수 코로 뜬다

1단(겉면): *안뜨기1, 겉뜨기1*, *~*을 단 끝까지 반복한다.
2단(안면): *안뜨기1, 겉뜨기1*, *~*을 단 끝까지 반복한다.
3단: *겉뜨기1, 안뜨기1*, *~*을 단 끝까지 반복한다.
4단: *겉뜨기1, 안뜨기1*, *~*을 단 끝까지 반복한다.
1~4단을 반복한다.

스페셜 기법

인타시어 케이블 평뜨기:

바탕실은 케이블 뒤에서 엮는다. 나는 배색할 때 겉면에서 바탕실을 첫 번째 케이블 실 위로 그리고 두 번째 케이블 실 아래로 지나가게 했다. 안면에서는 바탕실을 두 개의 케이블 실 위로 지나가게 했다.

인타시어 가장자리에서 실을 교차시킨다. 인타시어 가장자리는 케이블이 다른 바탕실 사이에 놓인 곳이다. 그래서 가장자리에서 코를 교차시켜야 한다. 사용할 실을 방금 사용한 실 아래로 그리고 오른쪽으로 가져온다. 또한 4개의 세로 케이블의 실(색상C, 색상D) 역시 케이블을 뜨지 않을 때 교차시켜야 한다.

유튜브 채널: Knitting with Suzanne Bryan
인타시어 케이블 평뜨기 동영상 강의
youtube.com/watch?v=nOl-no1VEaI

캐널 판초

주의

인타시어를 작업할 때 실을 다루는 다양한 방법이 있다. 나는 2~3m 길이로 잘라 써서, 실이 꼬일 때 그냥 잡아당긴다. 보빈에 실을 감거나 중심에서 잡아당기는 나비 모양으로 감아 쓰는 사람도 있다. 작업을 진행할 때는 보빈을 편물에 매우 가깝게 붙이고, 실이 꼬이지 않도록 한 번에 몇 ㎝만 풀어내게 된다. 이 길이는 길지 않기 때문에, 새로운 실을 연결할 때, 나중에 너무 많은 실 정리를 하지 않기 위해 스핏-스플라이스 spit-splice 기법(실이 여러 가닥으로 이루어진 합사인 경우 연결할 양쪽 실끝을 가닥수가 반이 되게 잘라 침을 묻힌 다음 꼬아서 연결하면 이어붙인 흔적이 남지 않는다)을 추천한다. 한 곳에서 모든 실이 연결되지 않도록 모든 실을 같은 길이로 자르지 않는다.

판초 전체를 한 가지 색으로 뜰 수도 있다. 혹은 모든 케이블을 한 가지 색으로, 바탕실도 한 가지 색으로 뜰 수도 있다. 혹은 모든 케이블과 바탕을 각각 다른 색으로 뜰 수도 있다

만드는 법

이 판초는 여러 편물을 아래에서 위로 뜬 다음 경사진 돌먼 소매 부분과 어깨의 솔기를 잇는다. 앞판과 뒤판의 어깨와 진동 트임 아래의 경사진 옆선에서 솔기를 잇는다. 넥밴드는 코를 주워 2코고무뜨기로 뜬 다음 안쪽으로 접는다.
인타시어와 가로 배색 케이블의 복잡한 조합으로 인해 이 패턴은 고급 니터에게 적합하다. 판초를 시작하기 전에 실을 가져가는 방법에 익숙해질 수 있도록 자투리실로 배색 케이블을 연습하는 것이 좋다.
앞판 케이블 패널은 도안이 있다. 도안을 보고 인타시어를 뜨개질할 수 있으면 이 패턴 작업에 유리하다.

뒤판

색상A 실과 80㎝ 길이의 4㎜ 줄바늘을 사용해서, 일반코잡기로 120 (140, 160, 180)코 만든다.
세팅 단(안면): 겉뜨기하듯이 1코걸러뜨기, (꼬아뜨기로 안뜨기1, 꼬아뜨기로 겉뜨기1)을 2회 반복, *겉뜨기1, 안뜨기1*, *~*을 왼손 바늘에 5코 남을 때까지 반복, (꼬아뜨기로 겉뜨기1, 꼬아뜨기로 안뜨기1)을 2회 반복, 꼬아뜨기로 겉뜨기1.
겉면에서 단코표시링을 건다(진동 표시).
1단(겉면): 안뜨기하듯이 1코걸러뜨기, (꼬아뜨기로 겉뜨기1, 꼬아뜨기로 안뜨기1)을 2회 반복, *안뜨기1, 겉뜨기1*, *~*을 왼손 바늘에 5코 남을 때까지 반복, (꼬아뜨기로 안뜨기1, 꼬아뜨기로 겉뜨기1)을 2회 반복, 꼬아뜨기로 안뜨기1.

2단(안면): 겉뜨기하듯이 1코걸러뜨기, (꼬아뜨기로 안뜨기1, 꼬아뜨기로 겉뜨기1)을 2회 반복, *안뜨기1, 겉뜨기1*, *~*을 왼손 바늘에 5코 남을 때까지 반복, (꼬아뜨기로 겉뜨기1, 꼬아뜨기로 안뜨기1)을 2회 반복, 꼬아뜨기로 겉뜨기1.
3단: 안뜨기하듯이 1코걸러뜨기, (꼬아뜨기로 겉뜨기1, 꼬아뜨기로 안뜨기1)을 2회 반복, *겉뜨기1, 안뜨기1*, *~*을 왼손 바늘에 5코 남을 때까지 반복, (꼬아뜨기로 안뜨기1, 꼬아뜨기로 겉뜨기1)을 2회 반복, 꼬아뜨기로 안뜨기1.
4단: 겉뜨기하듯이 1코걸러뜨기, (꼬아뜨기로 안뜨기1, 꼬아뜨기로 겉뜨기1)을 2회 반복, *겉뜨기1, 안뜨기1*, *~*을 왼손 바늘에 5코 남을 때까지 반복, (꼬아뜨기로 겉뜨기1, 꼬아뜨기로 안뜨기1)을 2회 반복, 꼬아뜨기로 겉뜨기1.
1~4단을 총 104 (96, 92, 80)단 (크롭 버전) 혹은 128 (120, 116, 104)단 (기본 버전) 반복하는데, 마지막으로 뜨는 단이 4단이 되도록 끝난다. 이렇게 하면 완성 길이가 43 (40, 38, 33)㎝(크롭 버전) 혹은 54 (50.5, 49, 44)㎝(기본 버전)가 된다.

돌먼 소매

매 단마다 양쪽 끝에서 1코씩 코줄임할 것이다.
1단(겉면): 겉뜨기1, 오른코줄임 *안뜨기1, 겉뜨기1*, *~*을 왼손 바늘에 3코 남을 때까지 반복, 왼코줄임, 겉뜨기1. (2코 줄어듦)
2단(안면): 안뜨기1, 안뜨기로 2코모아뜨기, *겉뜨기1, 안뜨기1*, *~*을 왼손 바늘에 3코 남을 때까지 반복, 안면에서 오른코줄임, 안뜨기1. (2코 줄어듦)
3단: 겉뜨기1, 오른코줄임, *겉뜨기1, 안뜨기1*, *~*을 왼손 바늘에 3코 남을 때까지 반복, 왼코줄임, 겉뜨기1. (2코 줄어듦)
4단: 안뜨기1, 안뜨기로 2코모아뜨기, *안뜨기1, 겉뜨기1*, *~*을 왼손 바늘에 3코 남을 때까지 반복, 안면에서 오른코줄임, 안뜨기1. (2코 줄어듦)
1~4단을 7 (9, 10, 13)회 반복하고 1~2단을 0 (1, 1, 0)회 반복한다. 양쪽 끝에서 각각 28 (38, 42, 52)코 줄어듦, 64 (64, 76, 76)코 남음.
앞판을 뜰 때 참고할 수 있도록, 제거할 수 있는 단코표시링을 건다.

뒤판 네크라인과 어깨 모양 만들기

네크라인과 어깨 모양 만들기는 동시에 진행될 것이다. 시작하기 전에 전체 섹션을 읽을 것.
중심 38 (38, 42, 42)코 양옆에 단코표시링을 걸어 표시한다.
단코표시링 양옆의 13 (13, 17, 17)코는 네크라인 코를 가리킨다.
다음 단(겉면): 이미 만들어진 무늬대로 17 (17, 21, 21)코 뜬

다, 두 번째 실을 연결해서, 중심의 30 (30, 34, 34)코를 코막음한다, 단 끝까지 이미 만들어진 무늬대로 진행한다. 양쪽 어깨에 각각 17 (17, 21, 21)코 있다.

양쪽 어깨를 한 번에 이미 만들어진 무늬대로 진행하면서, 양쪽 네크라인 가장자리에서 2코씩 2회 코막음한다, 그리고 동시에 어깨 가장자리에서 4코씩 코막음을 2 (2, 3, 3)회 반복, 그다음 마지막 남은 5코를 코막음한다.

앞판

앞판은 뒤판과 비슷하게 뜨는데, 다양한 색의 케이블 패널을 중심에 뜰 것이다. 이 중심 패널은 멍석뜨기와 게이지가 다르기 때문에, 더 많은 코를 만들 것이다. 돌면 소매 모양 만들기는 뒤판과 동일하게 뜬다.

색상A 실과 80㎝ 길이의 4㎜ 줄바늘을 사용해서, 130 (150, 170, 190)코 만든다.

세팅 단(안면): 겉뜨기하듯이 1코걸러뜨기, (꼬아뜨기로 안뜨기1, 꼬아뜨기로 겉뜨기1)을 2회 반복, *겉뜨기1, 안뜨기1*, *~*을 왼손 바늘에 5코 남을 때까지 반복, (꼬아뜨기로 겉뜨기1, 꼬아뜨기로 안뜨기1)을 2회 반복, 꼬아뜨기로 겉뜨기1. 겉면에서 단코표시링을 건다(진동 표시).

1단 (겉면): 1코걸러뜨기, (꼬아뜨기로 겉뜨기1, 꼬아뜨기로 안뜨기1)을 2회 반복, *안뜨기1, 겉뜨기1*, *~*을 왼손 바늘에 5코 남을 때까지 반복, (꼬아뜨기로 안뜨기1, 꼬아뜨기로 겉뜨기1)을 2회 반복, 꼬아뜨기로 안뜨기1.

2단 (안면): 겉뜨기하듯이 1코걸러뜨기, (꼬아뜨기로 안뜨기1, 꼬아뜨기로 겉뜨기1)을 2회 반복, *안뜨기1, 겉뜨기1*, *~*을 왼손 바늘에 5코 남을 때까지 반복, (꼬아뜨기로 겉뜨기1, 꼬아뜨기로 안뜨기1)을 2회 반복, 꼬아뜨기로 겉뜨기1.

3단: 1코걸러뜨기, (꼬아뜨기로 겉뜨기1, 꼬아뜨기로 안뜨기1)을 2회 반복, *겉뜨기1, 안뜨기1*, *~*을 왼손 바늘에 5코 남을 때까지 반복, (꼬아뜨기로 안뜨기1, 꼬아뜨기로 겉뜨기1)을 2회 반복, 꼬아뜨기로 안뜨기1.

케이블 패널 중심 64코 양옆에 단코표시링을 건다. 이어지는 모든 단에서 이 단코표시링을 만나면 오른손 바늘로 옮기면 된다. 이 케이블 패널 섹션은 다음 단에서 10코 코늘림해서 74코가 될 것이다.

4단 (코늘림): 겉뜨기하듯이 1코걸러뜨기, (꼬아뜨기로 안뜨기1, 꼬아뜨기로 겉뜨기1)을 2회 반복, *겉뜨기1, 안뜨기1*, *~*을 첫 번째 단코표시링 지나 12코까지 반복, 겉뜨기1, pfb 코늘림, kfb 코늘림, (안뜨기1, 겉뜨기1)을 5회 반복, *pfb 코늘림, kfb 코늘림, (안뜨기1, 겉뜨기1)을 2회 반복*, *~*을 1회 더 반복, pfb 코늘림, kfb 코늘림, (안뜨기1, 겉뜨기1)을 5

회 반복, pfb 코늘림, kfb 코늘림, *안뜨기1, 겉뜨기1*, *~*을 왼손 바늘에 6코 남을 때까지 반복, 안뜨기1, (꼬아뜨기로 겉뜨기1, 꼬아뜨기로 안뜨기1)을 2회 반복, 꼬아뜨기로 겉뜨기1. [10코 늘어남, 총 140 (160, 180, 200)코]

도안 세팅하기

중심의 74코에 대해서는 세팅 도안을 참고한다. 도안 옆선 가장자리의 파란색 세로줄은 케이블 패널의 양쪽 가장자리에 있는 단코표시링을 의미한다. 계속 진행하기 전에, 반드시 도안 기호 설명을 읽는다. 색상A1, A2, A3, B1, B2는 바탕색이고 각각의 볼로 진행한다. 색상A, B, C, D는 케이블 색상이고 실을 짧게 잘라 사용한다.

실에 관한 주의사항:

색상A는 3볼(A1, A2, A3), 2줄(1줄당 2~3m)(A)이 필요할 것이다.

색상B는 2볼(B1 그리고 B2), 2줄(B)

색상C는 6줄(C).

색상D는 8줄(D)이 필요할 것이다

또한 세팅 도안을 참고한다.

세팅 단(겉면) 케이블 세팅: 이미 작업 중이던 색상A1로 1코걸러뜨기, (꼬아뜨기로 겉뜨기1, 꼬아뜨기로 안뜨기1)을 2회 반복, *안뜨기1, 겉뜨기1*, *~*을 첫 번째 단코표시링까지 반복, 안뜨기1. 색상C로 겉뜨기2. 색상D로 겉뜨기2. 색상B1을 연결한다, 겉뜨기8. 색상A로 겉뜨기2. 색상D로 겉뜨기2. 색상B1을 뒤로 가져가서 겉뜨기2. 색상C로 겉뜨기2. 색상D로 겉뜨기2. 색상A2를 연결한다, 안뜨기4. 색상C로 겉뜨기2. 색상D로 겉뜨기2. 색상A2를 뒤로 가져가서 안뜨기4. 색상B로 겉뜨기2. 색상B 두 번째 줄로 겉뜨기2. 색상A2를 뒤로 가져가서 안뜨기4. 색상D로 겉뜨기2. 색상C로 겉뜨기2. 색상A2를 뒤로 가져가서 안뜨기4. 색상D로 겉뜨기2. 색상C로 겉뜨기2. 색상B2를 연결한다, 겉뜨기2. 색상D로 겉뜨기2. 색상A로 겉뜨기2. 색상B2를 뒤로 가져가서 겉뜨기8. 색상D로 겉뜨기2. 색상C로 겉뜨기2. 색상A3를 연결한다, 안뜨기1. *안뜨기1, 겉뜨기1*, *~*을 왼손 바늘에 5코 남을 때까지 반복, (꼬아뜨기로 안뜨기1, 꼬아뜨기로 겉뜨기1)을 2회 반복, 꼬아뜨기로 안뜨기1.

케이블 실이 이제 자리를 잡았다. 계속해서 자리 잡은 색대로 케이블 가닥을 사용해 진행한다.

세팅 단(안면): 도안을 참고해 뜬다, 안뜨기 코는 안뜨기하고 겉뜨기 코는 겉뜨기한다. 단, 색상B1과 색상B2 섹션에서는 안면에서 겉뜨기, 겉면에서 안뜨기로 바꾼다.
또한 케이블 패널 도안을 참고한다.

1단(겉면): 이미 만들어진 무늬대로 가장자리는 꼬아뜨기로, 케이블 양옆은 멍석뜨기로 진행하며, 중심의 74코는 케이블 패널 도안을 참고해 뜬다.
도안 24단을 완성할 때까지 도안에 지시된 대로 뜬다.
계속해서 1~24단을 반복한다. 주의 – 첫 번째 반복 후에는 중심 케이블의 오른쪽과 왼쪽에 있는 구불구불한 케이블 색을 바꾼다(케이블 패널 사진을 참고한다). 앞판이 뒤판 돌먼 소매를 제외한 길이와 같아질 때까지 진행하는데, 마지막으로 뜨는 단이 안면 단이 되도록 맞춘다. 이렇게 하면 104 (96, 92, 80)단(크롭 버전) 혹은 128 (120, 116, 104)단(기본 버전) 뜨는 셈이다. 그 결과 완성 길이 43 (40, 38, 33)㎝(크롭 버전) 혹은 54 (50.5, 49, 44)㎝(기본 버전)가 된다.

돌먼 소매

뒤판과 동일하게, 매 단마다 양쪽 가장자리에서 1코씩 코줄임 할 것이다.
1단(겉면): 겉뜨기1, 오른코줄임 *안뜨기1, 겉뜨기1*, *~*을 단코표시링까지 반복, 도안을 참고해 케이블 패널을 뜬다, *안뜨기1, 겉뜨기1*, *~*을 왼손 바늘에 3코 남을 때까지 반복, 왼코줄임, 겉뜨기1. (2코 줄어듦)
2단(안면): 안뜨기1, 안뜨기로 2코모아뜨기, *겉뜨기1, 안뜨기1*, *~*을 단코표시링 1코 전까지 반복, 겉뜨기1, 도안을 참고해 케이블 패널을 뜬다, 안뜨기1, *겉뜨기1, 안뜨기1*, *~*을 왼손 바늘에 3코 남을 때까지 반복, 안면에서 오른코줄임, 안뜨기1. (2코 줄어듦)
3단: 겉뜨기1, 오른코줄임 *겉뜨기1, 안뜨기1*, *~*을 단코표시링까지 반복, 도안을 참고해 케이블 패널을 뜬다, *겉뜨기1, 안뜨기1*, *~*을 왼손 바늘에 3코 남을 때까지 반복, 왼코줄임, 겉뜨기1. (2코 줄어듦)
4단: 안뜨기1, 안뜨기로 2코모아뜨기, *안뜨기1, 겉뜨기1*, *~*을 단코표시링 1코 전까지 반복, 안뜨기1, 도안을 참고해 케이블 패널을 뜬다, 겉뜨기1, *안뜨기1, 겉뜨기1*, *~*을 왼손 바늘에 3코 남을 때까지 반복, 안면에서 오른코줄임, 안뜨기1. (2코 줄어듦)
1~4단을 아래쪽 가장자리에서 케이블 도안 총 4회 반복하고 거기에 더해 14단을 뜰 때까지 반복해서 다음으로 뜰 단이 15단(크롭 버전)이 되도록 하거나, 케이블 도안 총 5회를 반복하고 거기에 더해 14단을 뜰 때까지 반복해서 다음으로 뜰 단이 15단(기본 버전)이 되도록 한다. 그 결과 완성 길이가 48㎝(크롭 버전) 혹은 56㎝(기본 버전)가 된다.

앞판 네크라인과 돌먼 소매

네크라인과 돌먼 소매 모양 만들기는 동시에 진행될 것이다. 시작하기 전에 전체 섹션을 읽을 것.
중심의 84 (84, 96, 96)코를 표시하기 위해 첫 번째 단코표시링 한 쌍을 건다—그 지점까지 돌먼 소매 코줄임을 진행할 것이다. 중심의 58 (58, 62, 62)코를 표시하기 위해 두 번째 단코표시링 한 쌍을 건다—이 코는 네크라인 만드는 데 코줄임/코막음될 것이다.
다음 단(겉면): 첫 번째 네크라인 단코표시링 17코 지나서까지 이미 만들어진 무늬대로 뜬다, 다른 볼의 실을 연결해서, 24 (24, 28, 28)코 코막음한다, 단 끝까지 이미 만들어진 무늬대로 뜬다.
양쪽을 한 번에 그리고 이미 만들어진 무늬대로 뜨는데, 네크라인 가장자리에서 3코씩 코막음을 3회 반복하고, 2코씩 코막음을
2회 반복하고, 1코씩 코막음을 4회 반복한다. 동시에 돌먼 소매 코줄임을 뒤판과 같은 높이가 될 때까지 계속 진행한다(뒤판을 뜨면서 걸어둔 단코표시링 위치를 참고한다). 그리고 어깨 가장자리에서 4코씩 코막음을 2 (2, 3, 3)회 반복, 그다음 마지막 남은 5코를 코막음한다.

마무리

실을 정리한다. 편물들을 블로킹한다. 앞판과 뒤판의 어깨를 맞춰 꿰맨다.

넥밴드는 40㎝ 길이의 4㎜ 바늘을 사용해서, 오른쪽 뒤판 어깨 솔기에서 시작해 네크라인을 따라 104 (104, 112, 112)코 줍는다(콧수를 다르게 하고 싶으면, 4의 배수가 되어야 한다): 뒤판 오른쪽 경사를 따라 내려가며 7코 줍는다, 뒤판을 따라 30 (30, 34, 34)코 줍는다, 뒤판 왼쪽 경사를 따라 7코 줍는다, 앞판 왼쪽 경사를 따라 21코 줍는다, 앞판을 따라 18 (18, 22, 22)코 줍는다(이곳은 케이블 섹션이므로 여기서 주름이 지지 않으려면 6코 줄여야 한다), 앞판 오른쪽 경사를 따라 21코 줍는다. 단 시작 표시링을 건다.
고무뜨기 단: *겉뜨기2, 안뜨기2*, *~*를 단 끝까지 반복한다. 고무뜨기 단을 27회 더 반복한다.
모든 코 코막음한다.

넥밴드를 안쪽으로 접어 꿰맨다.
넥밴드를 스팀 블로킹한다.

나는 크롭 버전은 옆선 아래쪽을 6㎝, 기본 버전은 16㎝ 꿰맸다.

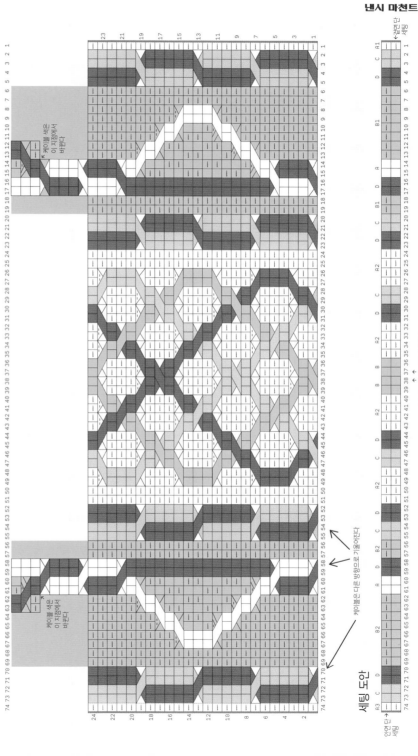

케이블 판초 도안과 기호

2/2 LC 교차뜨기 안뜨기
2/2 RC 교차뜨기 안뜨기
2/2 LC 교차뜨기
2/2 RC 교차뜨기
2/2 LC 교차뜨기 엮어뜨기
2/2 RC 교차뜨기 엮어뜨기

겉면 단에서 겉뜨기, 안면 단에서 안뜨기
안면 단에서 겉뜨기, 겉면 단에서 안뜨기
단코표시링 걸기

케이블 패널 도안

케이블 색은 이 지점에서 바뀐다

케이블은 다른 방향으로 기울어진다

세팅 도안

각각 다른 색상B 실을 사용한다

151

사이즈
단일 사이즈

완성 치수
높이: 23㎝
둘레: 62㎝

재료
실: 라비앵 에메의 코리워스티드(포클랜드 코리데일 울 75%, 고틀란드 울 25%, 230m
– 100g)
A: 하이가든 1타래
B: 벨 로제 1타래
C: 모리아 1타래
D: 키츠네 1타래

혹은 다음과 같은 분량의 워스티드 굵기 실
A: 7.5m
B: 16.5m
C: 100.5m
D: 100.5m

샘플에 사용한 실의 양:
A: 하이가든 3g
B: 벨 로제 7g
C: 모리아 44g
D: 키츠네 44g

바늘: 40㎝·80㎝ 길이의 4㎜ 줄바늘
부자재: 단코표시링, 돗바늘

게이지
18.5코×36단=10×10㎝ / 4㎜ 바늘로 리플 무늬뜨기, 가벼운 스팀 블로킹 후 잰 치수

무늬
리플 무늬
1단: 색상1로 겉뜨기한다.
2, 3, 4단: 색상2로 안뜨기한다.
5, 6, 7, 8단: 색상1로 겉뜨기한다.

캐널 카울

주의
각 색을 바꿀 때 실을 자른다, 혹은 선호하는 방식으로 카울 안쪽에서 세로 방향으로 걸쳐둔다.

만드는 법
색상C로 110코 만든다. 코가 꼬이지 않도록 조심하며 원통으로 잇는다. 단 시작 표시링을 건다.

세팅 단 1, 2, 3단: 겉뜨기한다.

색상D를 연결한다.

색상1로 D를 사용하고 색상2로 C를 사용해서, 리플 무늬를 1회 뜬다.

리플 무늬를 11회 더 반복하되, 4단과 8단 후에 색을 바꾼다.

오리지널 샘플과 똑같이 맞추려면 컬러 시퀀스 도안을 참고한다(코잡기와 세팅을 색상C로 시작)

1~8단을 11회 더 반복한다.
8단을 뜬 후 같은 색을 사용해서 코막음한다.

마무리
실을 정리하고, 가볍게 스팀 블로킹한다.

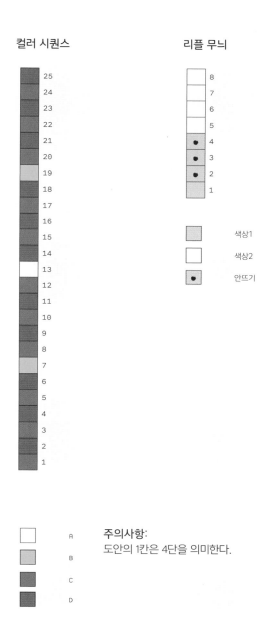

컬러 시퀀스

25
24
23
22
21
20
19
18
17
16
15
14
13
12
11
10
9
8
7
6
5
4
3
2
1

리플 무늬

8
7
6
5
4
3
2
1

색상1

색상2

안뜨기

A

B

C

D

주의사항:
도안의 1칸은 4단을 의미한다.

아사와
ASAWA

"이 숄은 아티스트 루스 아사와의 이름을 땄습니다. 그는 와이어를 사용해 공간에 선을 긋는 입체 작품을 비롯해 선과 형태, 빛과 그림자, 사물과 환경의 관계를 연구했습니다. 그의 조각은 시선을 모으는 지점이 있지만, 주의를 집중시키지 않습니다. 그 대신 작품이 차지하는 공간도 고려하게 합니다.

아사와 숄의 디자인은 케이블, 가터뜨기 그리고 안메리야스뜨기를 통합합니다. 케이블이 들어간 디자인에서는 종종 케이블 자체가 지배적인 특징이 됩니다. 그런데 이 숄의 목표는 세 요소 사이의 균형을 이루는 것입니다. 케이블은 여전히 결정적인 특징이지만 가터뜨기와 안메리야스뜨기가 디자인의 시각적 영향에 동등하게 기여합니다. 아사와의 조각품과 마찬가지로, 눈은 한 요소에서 다른 요소로 계속 이동해 한 요소가 아니라 요소 간의 상호작용에 초점을 맞춥니다. 우연이지만, 케이블이 만들어내는 선은 아사와의 조각 작품 실루엣과 닮아 이름과 매우 잘 어울립니다!"

사이즈
1 (2, 3)
던(분홍) 색상으로 뜬 사진 속 샘플은 사이즈1. 옐로브릭로드(노랑) 색상으로 뜬 다른 샘플은 사이즈2. 훨씬 더 큰 숄을 원한다면, 사이즈3 참고.

완성 치수
너비: 24 (34, 44.5)㎝
길이: 176.5 (188.5, 188.5)㎝

재료
실: 라비앙 에메의 코리워스티드(포클랜드 코리데일 울 75%, 고틀란드 울 25%, 230m – 100g), 던 색상 3 (4, 5)타래
혹은 워스티드 굵기의 실 526 (790, 1015)m
바늘: 60㎝ 길이의 4㎜ 줄바늘
부자재: 꽈배기바늘, 돗바늘, T핀, 와이어(블로킹할 때 선택사항)

게이지
21코×30단=10×10㎝ / 4㎜ 바늘로 케이블 무늬뜨기, 블로킹 후 잰 치수

약어
1/1 RC 교차뜨기: 1코를 꽈배기바늘에 옮겨 편물 뒤에 두고, 왼손 바늘의 1코 겉뜨기, 꽈배기바늘의 1코 겉뜨기
1/1 LC 교차뜨기: 1코를 꽈배기바늘에 옮겨 편물 앞에 두고, 왼손 바늘의 1코 겉뜨기, 꽈배기바늘의 1코 겉뜨기
2/1 RC 교차뜨기: 1코를 꽈배기바늘에 옮겨 편물 뒤에 두고, 겉뜨기2, 꽈배기바늘의 1코 겉뜨기
2/1 LC 교차뜨기: 2코를 꽈배기바늘에 옮겨 편물 앞에 두고, 겉뜨기1, 꽈배기바늘의 2코 겉뜨기
2/1 RPC 교차뜨기: 1코를 꽈배기바늘에 옮겨 편물 뒤에 두고, 겉뜨기2, 꽈배기바늘의 1코 안뜨기
2/1 LPC 교차뜨기: 2코를 꽈배기바늘에 옮겨 편물 앞에 두고, 안뜨기1, 꽈배기바늘의 2코 겉뜨기

무늬
가터뜨기
모든 단: 모든 코 겉뜨기한다.

스페셜 기법
스템스티치 코막음
실끝을 숄 너비의 약 5배 길이로 남기고 잘라 돗바늘에 꿴다. 편물의 겉면이 보이는 상태에서, 바늘을 두 번째 코에 겉뜨기 하듯이 넣는다. 첫 번째 코에 안뜨기하듯이 넣고, 두 번째 코에 꿰어 있는 코막음 가로줄 아래로 바늘을 빼낸다. 첫 번째 코를 바늘에서 빼고 부드럽게 실을 당겨 깔끔한 가장자리를 만든다. 이 과정을 1코 남을 때까지 반복한다. 마지막 코 사이로 실을 빼내고 정리한다.

동영상 강의:
brooklyntweed.com/pages/how-to-knit-stem-stitch-bind-off-video-tutorial

도안 서술형 풀이
1단(겉면): 겉뜨기5, *겉뜨기2, 안뜨기1, 2/1 LPC 교차뜨기, 겉뜨기7, 2/1 RPC 교차뜨기, 안뜨기1, 겉뜨기3*, *~*을 왼손 바늘에 4코 남을 때까지 반복, 겉뜨기4.

2단(안면): 겉뜨기4, *겉뜨기1, 안뜨기2, 겉뜨기2, 안뜨기2, 겉뜨기7, 안뜨기2, 겉뜨기2, 안뜨기2*, *~*를 왼손 바늘에 5코 남을 때까지 반복, 겉뜨기5.

3단: 겉뜨기5, *겉뜨기2, 안뜨기2, 2/1 LPC 교차뜨기, 겉뜨기5, 2/1 RPC 교차뜨기, 안뜨기2, 겉뜨기3*, *~*을 왼손 바늘에 4코 남을 때까지 반복, 겉뜨기4.

4단: 겉뜨기4, *겉뜨기1, 안뜨기2, 겉뜨기3, 안뜨기2, 겉뜨기5, 안뜨기2, 겉뜨기3, 안뜨기2*, *~*를 왼손 바늘에 5코 남을 때까지 반복, 겉뜨기5.

5단: 겉뜨기5, *겉뜨기2, 안뜨기3, 2/1 LPC 교차뜨기, 겉뜨기3, 2/1 RPC 교차뜨기, 안뜨기3, 겉뜨기3*, *~*을 왼손 바늘에 4코 남을 때까지 반복, 겉뜨기4.

6단: 겉뜨기4, *겉뜨기1, 안뜨기2, 겉뜨기4, 안뜨기2, 겉뜨기3, 안뜨기2, 겉뜨기4, 안뜨기2*, *~*를 왼손 바늘에 5코 남을 때까지 반복, 겉뜨기5.

7단: 겉뜨기5, *겉뜨기2, 안뜨기4, 2/1 LPC 교차뜨기, 겉뜨기1, 2/1 RPC 교차뜨기, 안뜨기4, 겉뜨기3*, *~*을 왼손 바늘에 4코 남을 때까지 반복, 겉뜨기4.

8단: 겉뜨기4, *겉뜨기1, 안뜨기2, 겉뜨기5, 안뜨기2*, *~*를 왼손 바늘에 5코 남을 때까지 반복, 겉뜨기5.

9단: 겉뜨기5, *겉뜨기2, 안뜨기5, 겉뜨기3*, *~*을 왼손 바늘에 4코 남을 때까지 반복, 겉뜨기4.

10단: 8단과 동일하게 뜬다.

11단: 겉뜨기5, *2/1 LC 교차뜨기, 안뜨기4, 겉뜨기5, 안뜨기4, 2/1 RC 교차뜨기, 겉뜨기1*, *~*을 왼손 바늘에 4코 남을 때까지 반복, 겉뜨기4.

12단: 겉뜨기4, *겉뜨기2, 안뜨기2, 겉뜨기4, 안뜨기2, 겉뜨기1, 안뜨기2, 겉뜨기4, 안뜨기2, 겉뜨기1*, *~*을 왼손 바늘에 5코 남을 때까지 반복, 겉뜨기5.

13단: 겉뜨기5, *겉뜨기1, 2/1 LC 교차뜨기, 안뜨기3, 겉뜨기5, 안뜨기3, 2/1 RC 교차뜨기, 겉뜨기2*, *~*를 왼손 바늘에 4코 남을 때까지 반복, 겉뜨기4.

14단: 겉뜨기4, *겉뜨기3, 안뜨기2, 겉뜨기3, 안뜨기2, 겉뜨기1, 안뜨기2, 겉뜨기3, 안뜨기2, 겉뜨기2*, *~*를 왼손 바늘에 5코 남을 때까지 반복, 겉뜨기5.

15단: 겉뜨기5, *겉뜨기2, 2/1 LC 교차뜨기, 안뜨기2, 겉뜨기5, 안뜨기2, 2/1 RC 교차뜨기, 겉뜨기3*, *~*을 왼손 바늘에 4코 남을 때까지 반복, 겉뜨기4.

16단: 겉뜨기4, *겉뜨기4, 안뜨기2, 겉뜨기2, 안뜨기2, 겉뜨기1, 안뜨기2, 겉뜨기2, 안뜨기2, 겉뜨기3*, *~*을 왼손 바늘에 5코 남을 때까지 반복, 겉뜨기5.

17단: 겉뜨기5, *겉뜨기3, 2/1 LC 교차뜨기, 안뜨기1, 겉뜨기5, 안뜨기1, 2/1 RC 교차뜨기, 겉뜨기4*, *~*를 왼손 바늘에 4코 남을 때까지 반복, 겉뜨기4.

18단: 겉뜨기4, *겉뜨기5, (안뜨기2, 겉뜨기1)을 3회 반복, 안뜨기2, 겉뜨기4*, *~*를 왼손 바늘에 5코 남을 때까지 반복, 겉뜨기5.

19단: 겉뜨기5, *겉뜨기3, 2/1 RPC 교차뜨기, 안뜨기1, 겉뜨기5, 안뜨기1, 2/1 LPC 교차뜨기, 겉뜨기4*, *~*를 왼손 바늘에 4코 남을 때까지 반복, 겉뜨기4.

20단: 16단과 동일하게 뜬다.

21단: 겉뜨기5, *겉뜨기2, 2/1 RPC 교차뜨기, 안뜨기2, 겉뜨기5, 안뜨기2, 2/1 LPC 교차뜨기, 겉뜨기3*, *~*을 왼손 바늘에 4코 남을 때까지 반복, 겉뜨기4.

22단: 14단과 동일하게 뜬다.

23단: 겉뜨기5, *겉뜨기1, 2/1 RPC 교차뜨기, 안뜨기3, 겉뜨기5, 안뜨기3, 2/1 LPC 교차뜨기, 겉뜨기2*, *~*를 왼손 바늘에 4코 남을 때까지 반복, 겉뜨기4.

24단: 12단과 동일하게 뜬다.

25단: 겉뜨기5, *2/1 RPC 교차뜨기, 안뜨기4, 겉뜨기5, 안뜨기4, 2/1 LPC 교차뜨기, 겉뜨기1*, *~*을 왼손 바늘에 4코 남을 때까지 반복, 겉뜨기4.

26단: 8단과 동일하게 뜬다.

27단: 9단과 동일하게 뜬다.

28단: 8단과 동일하게 뜬다.
29단: 겉뜨기5, *겉뜨기2, 안뜨기4, 2/1 RC 교차뜨기, 겉뜨기1, 2/1 LC 교차뜨기, 안뜨기4, 겉뜨기3*, *~*을 왼손 바늘에 4코 남을 때까지 반복, 겉뜨기4.
30단: 6단과 동일하게 뜬다.
31단: 겉뜨기5, *겉뜨기2, 안뜨기3, 2/1 RC 교차뜨기, 겉뜨기3, 2/1 LC 교차뜨기, 안뜨기3, 겉뜨기3*, *~*을 왼손 바늘에 4코 남을 때까지 반복, 겉뜨기4.
32단: 4단과 동일하게 뜬다.
33단: 겉뜨기5, *겉뜨기2, 안뜨기2, 2/1 RC 교차뜨기, 겉뜨기5, 2/1 LC 교차뜨기, 안뜨기2, 겉뜨기3*, *~*을 왼손 바늘에 4코 남을 때까지 반복, 겉뜨기4.
34단: 2단과 동일하게 뜬다.
35단: 겉뜨기5, *겉뜨기2, 안뜨기1, 2/1 RC 교차뜨기, 겉뜨기7, 2/1 LC 교차뜨기, 안뜨기1, 겉뜨기3*, *~*을 왼손 바늘에 4코 남을 때까지 반복, 겉뜨기4.
36단: 겉뜨기4, *(겉뜨기1, 안뜨기2)를 2회 반복, 겉뜨기9, 안뜨기2, 겉뜨기1, 안뜨기2*, *~*를 왼손 바늘에 5코 남을 때까지 반복, 겉뜨기5.

주의
도안은 아래에서 위로, 겉면 단에서는 오른쪽에서 왼쪽으로, 안면 단에서는 왼쪽에서 오른쪽으로 읽는다.

만드는 법
*아사와*는 처음부터 끝까지 평뜨기한다. 그 이름은 '형태 속의 형태' 조각으로 긍정적인 공간과 부정적인 공간의 절묘한 관계를 보여 두 공간의 중요성을 강조한 아티스트 루스 아사와에 바치는 헌사다. 마찬가지로 이 숄에서도 가터뜨기는 단순한 케이블의 배경이 아니라 모티브에 매끄럽게 통합되어 있다. 가터뜨기와 케이블은 디자인의 시각적 효과에 똑같이 기여한다. 감각적인 데일리 숄은 사이즈1, 더 뚜렷한 인상을 주는 숄은 사이즈2, 풍성하게 두를 수 있는 숄은 사이즈3을 선택하면 된다.

코잡기
일반코잡기로, 45 (63, 81)코 만든다.

몸판
가터뜨기로 7단 뜨는데, 마지막으로 뜨는 단이 안면 단이 되도록 맞춘다.

코늘림 단(겉면): 겉뜨기5, *1/1 LC 교차뜨기, m1l 코늘림, 겉뜨기13, m1r 코늘림, 1/1 RC 교차뜨기, 겉뜨기1*, *~*을 왼손 바늘에 4코 남을 때까지 반복, 겉뜨기4. 총 49 (69, 89)코.
다음 단(안면): 겉뜨기5, *안뜨기3, 겉뜨기13, 안뜨기3, 겉뜨기1*, *~*을 왼손 바늘에 4코 남을 때까지 반복, 겉뜨기4.
다음 단(겉면): 겉뜨기6, *2/1 LC 교차뜨기, 겉뜨기11, 2/1 RC 교차뜨기, 겉뜨기3*, *~*을 왼손 바늘에 3코 남을 때까지 반복, 겉뜨기3.
다음 단(안면): 겉뜨기5, *안뜨기4, 겉뜨기11, 안뜨기4, 겉뜨기1*, *~*을 왼손 바늘에 4코 남을 때까지 반복, 겉뜨기4.
다음 단(겉면): 겉뜨기7, *2/1 LPC 교차뜨기, 겉뜨기9, 2/1 RPC 교차뜨기, 겉뜨기5*, *~*를 왼손 바늘에 2코 남을 때까지 반복, 겉뜨기2.
다음 단(안면): 겉뜨기5, *안뜨기2, 겉뜨기1, 안뜨기2, 겉뜨기9, 안뜨기2, 겉뜨기1, 안뜨기2, 겉뜨기1*, *~*을 왼손 바늘에 4코 남을 때까지 반복, 겉뜨기4.
케이블 무늬를 뜰 때는 도안 혹은 서술형 풀이를 참고한다.
케이블 무늬 전체를 14 (15, 15)회 반복한다.
다음 단(겉면): 겉뜨기7, *2/1 RC 교차뜨기, 겉뜨기9, 2/1 LC 교차뜨기, 겉뜨기5*, *~*를 왼손 바늘에 2코 남을 때까지 반복, 겉뜨기2.
다음 단(안면): 겉뜨기5, *안뜨기4, 겉뜨기11, 안뜨기4, 겉뜨기1*, *~*을 왼손 바늘에 4코 남을 때까지 반복, 겉뜨기4.
다음 단(겉면): 겉뜨기6, *2/1 RC 교차뜨기, 겉뜨기11, 2/1 LC 교차뜨기, 겉뜨기3*, *~*을 왼손 바늘에 3코 남을 때까지 반복, 겉뜨기3.
다음 단(안면): 겉뜨기5, *안뜨기3, 겉뜨기13, 안뜨기3, 겉뜨기1*, *~*을 왼손 바늘에 4코 남을 때까지 반복, 겉뜨기4.
코줄임 단(겉면): 겉뜨기5, *왼코줄임, 겉뜨기15, 오른코줄임, 겉뜨기1*, *~*을 왼손 바늘에 4코 남을 때까지 반복, 겉뜨기4. 총 45 (63, 81)코.
가터뜨기로 7단 뜨는데, 마지막으로 뜨는 단이 안면 단이 되도록 맞춘다.
스템스티치 코막음한다.

마무리
실을 정리하고 치수에 맞춰 블로킹한다.

163

아사와 숄은 양면으로 사용할 수 있습니다. 안면도 겉면만큼이나 예뻐요.

	겉면: 겉뜨기, 안면: 안뜨기			2/1 LC 교차뜨기
•	겉면: 안뜨기, 안면: 겉뜨기			2/1 RPC 교차뜨기
	2/1 RC 교차뜨기			2/1 LPC 교차뜨기
				케이블 반복

165

감사의 말

사랑하는 남편 쥘리앵 그리고 우리 아이들 막시밀리앵과 알릭스

나디아 크레탱레셴, 막심 시르, 노라 고건, 세샤 그린,

키엔키에우 람, 낸시 마천트, 앤드리아 모리, 티프 닐런,

실비아 와츠체리 그리고 스티븐 웨스트

줄리아 테일러

라비앵 에메에서 함께 일하는 가족 같은 사람들

스테파니 마그너, 어밀리아 존스 그리고 빈투 룸

강민 저스틴 김과 재커리 와일더, 패티 블랙라이트풋

욘나 히에탈라와 시니 크라메르

앤드리아 시내틀과 앨런 손버

어밀리아 호드슨과 이선 바클리

놀라운 샘플 니터들인 기오르기 수타,

세실리아 발레스테로스곤잘레스, 일레인 톰과 안 베츠

모든 경이로운 테스트 니터들에게

여러분과 함께 작업한 놀라운 경험에 감사합니다.

그리고 시작부터 라비앵 에메를 지원해주신 모든 분께

특히 지난 18개월에 대해, 감사를 전합니다.

167

워스티드
보드랍고 따뜻한 손뜨개 니트웨어

초판 1쇄 인쇄 2024년 1월 5일
초판 1쇄 발행 2024년 1월 10일

엮은이   에메 질
옮긴이   이순선

펴낸이   최정이
펴낸곳   지금이책
등록   제2015-000174호
주소   경기도 고양시 일산서구 킨텍스로 410
전화   070-8229-3755
팩스   0303-3130-3753
이메일   now_book@naver.com
블로그   blog.naver.com/now_book
인스타그램 nowbooks_pub

ISBN   979-11-88554-76-8 (13590)